Hochschultext

G. Buntebarth

Geothermie

Eine Einführung in die allgemeine
und angewandte Wärmelehre des Erdkörpers

Mit 64 Abbildungen

Springer-Verlag Berlin Heidelberg GmbH

Dr. Günter Buntebarth

Institut für Geophysik
Techn. Universität Clausthal
Postfach 230
D-3392 Clausthal-Zellerfeld

ISBN 978-3-540-10423-0   ISBN 978-3-662-00910-9 (eBook)
DOI 10.1007/978-3-662-00910-9

CIP-Kurztitelaufnahme der Deutschen Bibliothek
Buntebarth, Günter:
Geothermie: e. Einf. in d. allg. u. angewandte
Wärmelehre d. Erdkörpers/G. Buntebarth. –
Berlin, Heidelberg, New York: Springer, 1980.–
(Hochschultext)
ISBN 978-3-540-10423-0

VORWORT

Der ständig wachsende Energiebedarf und das im vergangenen Jahrzehnt geprägte Bewußtsein der limitierten fossilen Energiereserven, aus denen die Steigerung im Energieverbrauch sorglos gedeckt werden
konnte, haben nun bei der Suche nach Alternativ-
energien auch der Geothermie zu einer Blütezeit
verholfen.

Nicht nur in der angewandten Geothermie, die auf
Prospektion und Förderung der Erdwärme ausgerichtet
ist, werden bedeutende Erkenntnisse gesammelt, sondern auch in der allgemeinen Geothermie, die den
thermischen Zustand unseres Erdkörpers aus allgemein naturwissenschaftlicher Sicht betrachtet,
haben die entwickelten Methoden der Temperaturermittlung unser Bild des thermischen Zustandes auf
und in der Erde mit mehr Details darzustellen ge-
holfen.

Die überaus große Fülle von Einzelarbeiten zu geothermischen Themen ist jedoch kaum dazu geeignet,
einem interessierten Leser und Studierenden der
Geowissenschaften einen einführenden Überblick über
die in letzter Zeit so viel beachtete Geothermie zu
geben. Wenngleich im vorliegenden Beitrag nicht der
Versuch unternommen wurde, eine Monographie der Geothermie vorzulegen, so soll doch der Interessierte
an die Geothermie herangeführt werden, und die vor-
liegende Abhandlung soll den Einstieg in die spezielle Thematik erleichtern helfen.

Die Geothermie wird als Teil der Geophysik an Hoch-
schulen und Universitäten gelehrt und gehört als
Fachgebiet zur Ausbildung von Studenten der Geowissenschaften. Diese Einführung in die Geothermie richtet sich besonders an die Studierenden der Geophysik
und ist zum Gebrauch neben Vorlesungen gedacht.

Der Dank für das Zustandekommen dieser Arbeit gilt
meinem verehrten Lehrer, Herrn Prof. Dr. O. Rosenbach.
In seinen Vorlesungen zur Geophysik hat er mich für
die Geothermie interessiert, die auch gegenwärtig
noch mein Hauptarbeitsgebiet darstellt.

Clausthal-Zellerfeld
September 1980   G. BUNTEBARTH

INHALT

EINLEITUNG

Im Altertum wurde angenommen, im Innern der Erde brenne ein Zentralfeuer, das hie und da die Kruste durchbricht und als Lavastrom einen sichtbaren Boten aus der Tiefe der Erde sende. Auch im Mittelalter hielt man an dieser Vorstellung eines Zentralfeuers fest. Erst DESCARTES [6] begann mit Überlegungen zur Entwicklung der Erde vom Standpunkt der Mechanik aus. Er verglich die Erde mit Sternen und versuchte daraus, eine Entwicklungsgeschichte der Erde abzuleiten, die den gegenwärtigen Zustand des Erdinnern erhellen sollte. LEIBNIZ [18] nahm an, das Innere der Erde sei glutflüssig,und die Kruste habe sich im Verlaufe der Abkühlung der Erdmasse an der Oberfläche der Erdkugel gebildet. Einen direkten Beweis der feuerig-flüssigen Entstehung der Erde sah NEWTON [21] in dem an den Polen abgeplatteten Sphäroid, das sich um die eigene Achse dreht. Recht zahlreich waren in der Folgezeit die Versuche, die Verteilung des Wassers, der Berge und Täler mit einer Entwicklungsgeschichte der Erde zu vereinen.

In genialer Weise belebte BUFFON [4] gegen Ende des 18. Jahrhunderts die Diskussion um die Entstehung der Erde. Aus astronomischen Beobachtungen der Planetenbahnen leitete er ab, daß die Planeten einst Teil der glutflüssigen Sonne waren und nach einem Kometenaufprall aus der Sonne hervorgingen. Nun begann das eigenständige Leben auch der Erde. Um ihren thermischen Ablauf nachempfinden zu können, machte BUFFON mit auf Rotglut gebrachte Eisenkugeln Abkühlungsversuche und berechnete daraus als erster eine thermische Entwicklungsgeschichte der Erde, nach der sie im Vergleich zu einer auf entsprechende Größe extrapolierten Eisenkugel 3000 Jahre lang glutheiß blieb und die gegenwärtige wohltemperierte Oberfläche erst nach 74800 Jahren erlangte. Nach BUFFON dauert die Abkühlung noch an, und die Oberfläche soll 93000 Jahre nach der Entstehung den Eispunkt des Wassers erreicht haben.

FOURIER's Werk über die Theorie der Wärme [7] bot die noch heute gültigen Grundlagen der Wärmelehre und warf ein neues Licht auf den thermischen Zustand des Erdinnern. Die aufgezeigte Möglichkeit der Korrektur des Tages- und Jahresganges der Oberflächentemperatur und die im ersten Drittel des 19. Jahrhunderts entwickelten Thermometer ergaben eine Vielzahl von Temperaturmessungen im oberflächennahen Bereich des Untergrundes.

Es ist zwar aus heutiger Sicht evident, daß bei der Annahme eines Zentralfeuers im Erdinnern und einer doch kühlen Erdoberfläche eine Temperaturzunahme mit der Tiefe eine physikalische Notwendigkeit darstellt; dennoch sprachen sich viele Gelehrte dagegen aus, als Mitte des 17. Jahrhunderts aus Beobachtungen

von Bergleuten [15] auf eine allgemeine Temperaturzunahme mit
der Tiefe geschlossen wurde. Noch 150 Jahre später, als das
erste vielbeachtete Buch über die "Physik der Erde" [22] er-
schien, wendete der theoretische Physiker PARROT ein, daß in
Meeren und Seen die Temperaturen mit der Tiefe nicht zu-, sondern abnehmen. Eben diese Tatsache wurde bald entkräftet [16]
und als Beweis einer allgemeinen Temperaturzunahme benutzt, weil die
Temperatur am Meeresgrund sonst überall der Temperatur der
größten Dichte des Wassers entsprechen müßte.

Die erste Hälfte des 19. Jahrhunderts war eine Zeit des Um-
bruchs in den Geowissenschaften. Die Fortschritte insbesondere
der Physik kamen auch der Wärmelehre des Erdkörpers zugute.
Zahlreiche Temperaturbeobachtungen in Quellen, Bohrlöchern und
Bergwerken und die Reisen von Gelehrten in alle Welt trugen dazu bei, daß die Erde mehr und mehr als ein Ganzes verstanden
wurde,und allgemeingültige Zusammenhänge wurden in der Vielzahl
von Einzelbeobachtungen gesucht. Ganz besonders ist es ein Ver-
dienst A. von HUMBOLDTs, der die Geowissenschaften durch seine
Beobachtungen und Interpretationen nachhaltig prägte. Ihm, "dem
umsichtigen Begründer und unermüdlichen Beförderer unserer
Kenntnisse von den Temperatur-Verhältnissen der Erde" widmete
BISCHOF 1837 die erste Monographie zur Wärmelehre des Erdkörpers [2].

Während zu dieser Zeit Fachgebiete, die heute Teil der Geophysik sind, noch im wesentlichen zur Physik gerechnet wurden,
weil der Begriff "Geophysik" noch gar nicht gebräuchlich war,
so wurde auch die "Geothermie" im wesentlichen als Teil einer
allgemeinen Wärmelehre gesehen. Zweifellos half die anwachsende
Fülle von Einzelbeobachtungen in der Natur und von experimentellen Untersuchungen mit, daß eine stärkere Differenzierung in
den naturwissenschaftlichen Fächern wie in der Physik, Geogno-
sie und Geographie zu neuen Fachgebieten und somit auch zu Wort-
neubildungen führen mußte. Deutlich läßt sich die Notwendigkeit
einer Differenzierung der thermischen Verhältnisse an der Erdoberfläche zeigen. Es war allgemein üblich, bei Oberflächentemperaturen die Lufttemperatur anzugeben und ihre Verteilung an
der Erdoberfläche in Form von Isothermen [3, 11]. Nachdem
KUPFFER im Jahre 1829 unter Verwendung zahlreicher Daten festgestellt hatte, daß die Bodentemperaturen mit den Lufttempera-
turen in der Regel gar nicht übereinstimmten, stellte er eine
Karte mit beiden Angaben vor und bezeichnete nun die Linien
gleicher Bodentemperatur als Isogeothermen [17]. Damit war der
Wortstamm zur Geothermie geboren. Obwohl der Unterschied zwischen Isothermen und Isogeothermen wenig später widerlegt wurde
[2], wenngleich lokale Temperaturdifferenzen für durchaus möglich gehalten wurden, lebte der Wortstamm in der "geothermischen Tiefenstufe" weiter.

Neue Überlegungen und Berechnungen zur Präzession und Nutation
des Erdkörpers stellte HOPKINS an [10]. Die bis dahin angenom-
mene dünne Erdkruste ließ er auf mindestens 1/4 bis 1/5 des Erdradius anwachsen. Nach seinen Vorstellungen erfolgte die Verfe-
stigung einer ehemals flüssigen Erdmasse wegen der Abkühlung von
der Oberfläche her und wegen des Druckanstiegs im Innern auch
vom Erdmittelpunkt aus.

Eine kalte Entstehung der Erde erklärt AEPINUS [1] aus einer
Agglomeration von Meteoriten, die erst nach Formierung der
Erdmasse sich durch Akkumulation von Sonnenwärme aufheizte.
Diese Hypothese wurde durch die Entdeckung der neutralen
Schicht im Keller der Pariser Sternwarte von CASSINI und DE LA
HIRE [5,8] entkräftet. Beide wiesen nach, daß die Sonnenwärme
als Temperaturjahreswelle nur wenige Zehner von Metern in den
Boden eindringt. Die Zunahme der Temperatur nach der Tiefe
mußte nach DE LA RIVE [23] und LYELL [20] sowie auch HUNT [24]
chemisch bedingt sein. Bereits um die Jahrhundertwende wurde
der Beitrag radioaktiver Elemente zur Temperatur des Erdinnern
diskutiert [19]. Umfangreiche Analysen ergaben, daß in allen Gesteinen radiogene Wärmeproduzenten vorhanden sind [25]. Aufgrund dieser Daten und Hypothesen über Chemismus und Aufbau des
Erdinnern konnten Temperaturverteilungen errechnet werden, die
eine exponentielle Abnahme der radiogenen Wärmequellen voraus-
setzen [9, 13, 14]. Annahmen über die Temperatur im Erdkern mit
Werten zwischen 2000 und 10.000° C wurden schon zu Beginn dieses Jahrhunderts gemacht [26]. Eine Kerntemperatur von etwa
4000 - 5000° C ist nach den gegenwärtigen Kenntnissen über das
Verhalten des Kernmaterials und den extrapolierten Ergebnissen
aus Laboruntersuchungen am wahrscheinlichsten, wie in Kapitel 4
gezeigt wird. Weit detaillierter bekannt als Kerntemperaturen
sind die Temperaturverteilungen in der Kruste und im oberen Mantel, wozu alle Disziplinen der Geowissenschaften beigetragen haben. Einen bedeutenden Anteil hat jedoch die neue globale Tektonik, die im wesentlichen von WEGENER aufgezeigt wurde. Das
heutige Bild über den thermischen Zustand des Erdinnern wurde
auch stark geprägt von den Ergebnissen der Untersuchungen an
Gesteinen, Mineralen und auch Metallen unter erhöhten Temperaturen und Drücken. Änderungen in Kristallstrukturen und das
Verhalten physikalischer Parameter geben bedeutende Hinweise auf
den Zustand und Aufbau des Erdinnern. Die Temperaturabhängigkeit
von Reaktionsabläufen kann als Indikator des thermischen Zu-
stands dienen, und Änderungen in den physikalischen Eigenschaften können vielfach zur Temperaturermittlung genutzt werden. Es
werden daher in Kapitel 5 häufig angewandte Methoden der Temperaturermittlung im Erdinnern vorgestellt.

Neben der allgemeinen Geothermie spielt, wie im letzten Kapitel
gezeigt wird, die angewandte eine wichtige Rolle in diesem Jahr-
hundert. Methoden der Exploration von Wärmereservoiren wurden
entwickelt, und die Nutzbarmachung der Erdwärme steht noch in
den Anfängen. Ihr wird in nächster Zukunft noch weit mehr Bedeutung zukommen.

1. PHYSIKALISCHE GRUNDLAGEN ZUR WÄRMELEITUNG

Eine der physikalischen Zustandsgrößen der Erde ist ihre Temperatur. Sie variiert von Ort zu Ort und ist zudem noch zeitabhängig, wie die Temperaturen des Erdbodens im Verlaufe eines Jahres oder die thermische Entwicklung unseres Planeten seit seiner Entstehung.

Die verschiedenen Temperaturen, die auf lateralen und vertikalen Temperaturdifferenzen beruhen, sowohl auf engstem Raum wie auch auf der ganzen Erde, werden durch Wärmetransport sich auszugleichen versuchen. Der Ausgleich kann aber nur mit endlicher Geschwindigkeit ablaufen, so daß der Ausgleichsvorgang zeitabhängig ist. Im Großräumigen geht der Vorgang so langsam vor sich, daß er sich gar nicht ungestört vollziehen kann. Die langsamen, stetigen Bewegungen der Krustenplatten - im plattentektonischen Sinn - und die Bildung von Gebirgen, Gräben und Trögen beeinflussen auch mit ihren magmatischen Begleiterscheinungen die Temperaturverteilung und die Temperaturausgleichsvorgänge in der Erde. Wärmequellen werden im Erdinnern durch die Wirkung mechanischer Kräfte umverteilt und auch neu geschaffen. Temperaturdifferenzen können durch den erzwungenen Massentransport verkleinert, ausgeglichen oder vergrößert werden.

1.1 Temperatur und Temperaturgradient

In einem Punkt mit dem Ortsvektor $\vec{x}$ ist zu einer beliebigen Zeit t die Temperatur stets eindeutig, nämlich

$$T = f(\vec{x}, t) \tag{1.1}$$

Das dabei zugrunde gelegte ruhende Koordinatensystem für Raum und Zeit ist frei wählbar. Ebenso frei ist die Temperaturskala. Für die Gesamtheit der Punkte mit ihren Temperaturen ergibt sich in einem Raum ein Temperaturfeld, das - aus skalaren Größen aufgebaut - selbst ein skalares Feld ist. Die Punkte des Feldes, für die die Funktion T ein und denselben Wert annimmt:

$$T = const,$$

bilden eine Niveaufläche, eine Isothermenfläche. Reduziert sich das Temperaturfeld bei zweidimensionaler Betrachtung auf ein ebenes Feld, so nennt man die Linien mit T = const Isotherme. Verläuft durch den Punkt $\vec{x}_1$ die Isothermenfläche T_1 und im

Abstand $|\Delta\vec{x}|$ durch $\vec{x}_2$ die Isothermenfläche T_2, so beträgt der
Temperaturanstieg von $\vec{x}_1$ nach $\vec{x}_2$

$$\frac{\Delta T}{\Delta \vec{x}} = \frac{T_2 - T_1}{\Delta \vec{x}}, \text{ wenn } T_2 > T_1 \text{ ist.} \qquad (1.2)$$

Der Grenzwert für infinitesimale Abstände zum Punkt $\vec{x}_1$ heißt
Temperaturgradient in $\vec{x}_1$:

$$\text{grad } T = \lim_{\Delta\vec{x}\to 0} \frac{f(\vec{x}_1+\Delta\vec{x},t)-f(\vec{x}_1,t)}{\Delta\vec{x}} \qquad (1.3)$$

Der Gradient des Temperaturfeldes ist eine vektorielle Größe,
die in jedem Punkt des Feldes definiert ist und jeweils in der
Normalen an die Isothermenfläche zur zunehmenden Temperatur hin-
weist.

Die Temperaturgradienten bilden im Raum mit dem Temperaturfeld T
ein Gradientenfeld

$$\text{grad } T = g(\vec{x},t), \qquad (1.4)$$

das wie die Temperatur selbst orts- und zeitabhängig ist. Die
Dimension des geothermischen Gradienten wird meist mit $[^{\circ}C/km]$
angegeben. Im globalen Maßstab kann man das Temperaturfeld der
Erde in erster Näherung als ein Zentralfeld auffassen, bei dem
die Isothermenflächen Kugelflächen darstellen. Die Erdoberfläche ist dann die Isothermenfläche mit der niedrigsten Temperatur und der Erdmittelpunkt der Punkt höchster Temperatur.

1.2 Wärmeflußdichte, Wärme- und Temperaturleitfähigkeit

Ist in einem beliebigen Punkt $\vec{x}_1$ eines Raumes der Temperaturgradient von Null verschieden, setzt ein Ausgleichsvorgang ein, der
zur Verminderung des Gradienten beiträgt, wenn dem Punkt $\vec{x}_1$
keine Wärme zugeführt oder entzogen wird. Während des Aus-
gleichsvorganges wird Wärmeenergie transportiert, die nach empi-
rischer Erkenntnis stets dem Temperaturgradienten entgegen ge-
richtet ist. Dieser Energiestrom heißt, normiert auf Zeit und
Fläche, Wärmeflußdichte $\vec{Q}$.

$$\vec{Q} = -\underline{K} \text{ grad } T \qquad (1.5)$$

Die Wärmeflußdichte ist eine vektorielle Größe, so daß das Feld
der Wärmeflußdichte wie dasjenige des Temperaturgradienten ein
vektorielles Feld ist.

Der Betrag der Wärmeflußdichte ist dem des Temperaturgradienten
proportional, wobei der Proportionalitätsfaktor als Wärmeleitfähigkeit (K) definiert ist.

Die Wärmeleitfähigkeit ist eine Eigenschaft des Körpers, in dem
die Wärme transportiert wird. Im allgemeinen ist die Wärmeleitfähigkeit in kristalliner Materie eine tensorielle Größe ($\underline{K}$),
die sich jedoch bei Kristallen des kubischen Kristallsystems,
wie Granat, Steinsalz und Bleiglanz auf eine skalare Größe redu-
ziert, d.h. nur die Elemente K_{11}, K_{22} und K_{33} des Tensors $\underline{K}$ sind
von Null verschieden und haben den gleichen Wert. Ein Körper mit
dieser Eigenschaft heißt isotrop. Die meisten gesteinsbildenden
Minerale, wie Quarz, Feldspat, Glimmer u.a. sind jedoch aniso-
trop. Bei Polykristallinität, d.h. bei einer statistischen An-
sammlung von anisotropen Kristalliten verhält sich der Körper
als Ganzes wie ein isotropes Medium (vgl. Abschn. 2.1).

Neben der Wärmeleitfähigkeit K ist eine Temperaturleitfähigkeit
κ definiert, die sich aus dem Quotient der Wärmeleitfähigkeit K
und dem Produkt aus Dichte ρ und spezifischer Wärme c errechnet:

$$\kappa = \frac{K}{\rho\,c} \qquad\qquad (1.6)$$

Die Temperaturleitfähigkeit κ hat die Dimension $[m^2/s]$.

1.3 Die Wärmeleitungsgleichung

In einem beliebigen Körper wird ein infinitesimal kleiner Zy-
linder betrachtet, der von zwei gleichen ebenen Flächen dF im
Abstand dn senkrecht zur Zylinderachse begrenzt wird und damit
ein Volumen dV einschließt. Im Innern des Zylinders sei eine
gleichmäßige isotrope Wärmequelle A, die im Volumen dV und in
der Zeiteinheit dt folgende Wärmemenge d^2q^* generiert:

$$d^2q^* = A\,dV\,dt. \qquad\qquad (1.7)$$

Ein Teil der Wärmemenge ($d^2q_1^*$) sei diejenige, die den Wärmein-
halt in dV und damit die Temperatur erhöht:

$$d^2q_1^* = \rho\,c\,dV\,dT. \qquad\qquad (1.8)$$

Die Differenz $d^2q_2^* = d^2q^* - d^2q_1^*$ entspricht der Wärmemenge

$$d^2q_2^* = -(K\,\frac{\partial T}{\partial n})\,dF\,dt, \qquad\qquad (1.9)$$

die durch die Fläche dF innerhalb einer Zeiteinheit fließt.

Es gilt somit:

$$A\,dV\,dt = \rho\,c\,dV\,dT \;-\; (K\,\frac{\partial T}{\partial n})\,dF\,dt. \qquad\qquad (1.10)$$

Mit Hilfe des GAUSS'schen Satzes, der Umwandlung des Flächen-
in ein Volumenintegral, erhält man:

$$A\,dV\,dt = \rho\,c\,dV\,dT - div\,(K\,grad\,T)\,dV\,dt, \qquad (1.11)$$

und Gl.(1.11) führt zur Differentialgleichung der Wärmeleitung:

$$\rho\,c\,\frac{\partial T}{\partial t} = div\,(K\,grad\,T) + A. \qquad (1.12)$$

Die Wärmeleitungsgleichung nimmt bei Anwendung der Differen-
tialoperatoren:

$$\Delta T = div\,(grad\,T) \qquad \text{LAPLACE-Operator,}$$
$$\nabla T = grad\,T \qquad \text{HAMILTON-Operator}$$
$$(= \text{Nabla-Operator})$$

folgende Form an:

$$\rho\,c\,\frac{\partial T}{\partial t} = \nabla K\,\nabla T + K\,\Delta T + A. \qquad (1.13)$$

Die Wärmeleitungsgleichung beschreibt den zeitlichen und räumlichen Temperaturverlauf in einem isotropen Medium mit einer
ortsabhängigen, aber temperaturunabhängigen Wärmeleitfähigkeit.

Für den Fall einer räumlich konstanten Wärmeleitfähigkeit reduziert sich die Gleichung zu:

$$\rho\,c\,\frac{\partial T}{\partial t} = K\,\Delta T + A \qquad (1.14)$$

und bei Benutzung der Temperaturleitfähigkeit:

$$\frac{\partial T}{\partial t} = \kappa\,\Delta T + \frac{A}{\rho\,c}. \qquad (1.15)$$

Im stationären Zustand, d.h. für sehr große Zeiten ($\frac{\partial T}{\partial t} = 0$),
ergibt sich die POISSON'sche Differentialgleichung

$$\kappa\,\Delta T + \frac{A}{\rho\,c} = 0, \qquad (1.16)$$

die bei verschwindender Wärmequelle in die LAPLACE'sche Differentialgleichung übergeht:

$$\Delta T = 0. \qquad (1.17)$$

Analytische Lösungen der Wärmeleitungsgleichung sind nur in
einfachen Fällen möglich. Diese Fälle werden durch die Anfangsbedingung und die Randbedingungen bestimmt. Die Anfangsbedingung gibt der zeitlich variablen Temperaturverteilung eine Bedingung vor, die zum Zeitpunkt Null gilt, des Beginns der mathematischen Beschreibung. Der zeitliche Nullpunkt braucht nicht
mit dem physikalischen Beginn, z.B. einer Intrusion von Magma,
übereinzustimmen.

Die häufigste Anfangsbedingung (t = O) in der Geothermie ist

$$T = \text{konstant für alle } \vec{x},$$

z.B. die Temperatur des Nebengesteins während einer Intrusion.

Die Randbedingungen geben räumliche Grenzbedingungen an, die in der Regel an den Rändern, den Begrenzungen der Modellkörper gelten. Die Randbedingungen können auch zeitlich variabel sein.

Häufige Randbedingungen bei der Bearbeitung geothermischer Probleme sind:

1) Konstante Temperatur an der Modelloberfläche (T_O = konstant für $t \geqslant O$), z.B. die Jahresmitteltemperatur des Erdbodens,

2) periodische Temperaturänderung an der Oberfläche ($T = T_O \sin \omega t$ für $t \geqslant O$), z.B. Temperaturtagesgang am Erdboden,

3) konstante Wärmeflußdichte (Q = konstant für $t \geqslant O$), z.B. die Wärmeflußdichte aus dem oberen Mantel wird innerhalb gleicher Krustentypen für nahezu konstant angenommen.

Die POISSON'sche und die LAPLACE'sche Differentialgleichung lassen sich für eindimensionale Probleme recht einfach integrieren. Jedoch ist die eindimensionale analytische Lösung an Einschränkungen hinsichtlich der Wahl des Modells gebunden:

- Es lassen sich nur parallel geschichtete, homogen isotrope Gesteinspakete bearbeiten.

- Die Temperaturleitfähigkeit muß innerhalb einer Schicht konstant sein.

- Die Wärmequellenverteilung muß durch eine analytische Funktion innerhalb der Schicht beschrieben werden.

Als Wärmequellen kommen bei den geothermischen Problemen hauptsächlich die radiogenen Wärmeproduzenten (Uran, Thorium, Kalium) in Betracht. Sie sind entweder vernachlässigbar ($A = O$), innerhalb einer Schicht konstant ($A = A_O$) oder eine Funktion des Ortes, z.B. $A = A_O \exp(-x/H)$.

Die Integration der POISSON'schen Gleichung ergibt mit $A = A_O \exp(-x/H)$:

$$T(x) = T_O + \frac{1}{K} Q_O x - \frac{H A_O}{K} \exp(-h/H) x + \frac{A_O H^2}{K} (1-\exp(-x/H)). \qquad (1.18)$$

Darin sind:

T_O die Temperatur an der Schichtobergrenze,
Q_O der Betrag der Wärmeflußdichte durch diese obere Grenzfläche
h die Mächtigkeit der Schicht,
A_O die Wärmeproduktion in der oberen Grenzfläche,

K die Wärmeleitfähigkeit und

H diejenige Schichtmächtigkeit, bei der die Wärmeproduktion auf den Bruchteil $1/e \approx 0,368$ des oberen Grenzwertes abgefallen ist.

Ist die Wärmeproduktion $A = A_O$, also konstant, so reduziert sich die Gleichung (1.18) zu:

$$T(x) = T_O + \frac{1}{K} Q_O x - \frac{A_O}{2K} x^2 \qquad (1.19)$$

und wenn $A = O$ ist, ergibt sich die Lösung der LAPLACE'schen Differentialgleichung:

$$T(x) = T_O + \frac{1}{K} Q_O x = T_O + x \ \text{grad} \ T. \qquad (1.20)$$

Darin ist der Temperaturgradient konstant.

2. THERMISCHE EIGENSCHAFTEN VON GEBIRGSBILDENDEN GESTEINEN

2.1 Die Wärmeleitfähigkeit

Die Wärmeleitfähigkeit K ist eine wichtige physikalische Größe
bei der Ausbreitung der Wärme. Durch sie werden im wesentlichen
die Zeiten bestimmt, die z.B. bei der Abkühlung von Intrusivkörpern vergehen, und sie bestimmt auch den Temperaturgradienten in einzelnen Schichten einer entsprechend gegliederten Erdkruste.

Die Wärmeleitfähigkeit ist definiert für den stationären Zustand der Wärmeleitung als der Quotient aus Wärmeflußdichte,
d.h. Energiefluß pro Flächeneinheit, und Temperaturgradient in
einem eindimensionalen Wärmeleiter:

$$K = \frac{Q}{dT/dx} \qquad (2.1)$$

Die definierte skalare Größe K ist eine Materialeigenschaft,
die nicht nur von der Art des Gesteins oder Minerals abhängt,
sondern die Kristallstruktur der Minerale kann auch eine Rich-
tungsabhängigkeit, eine Anisotropie der Wärmeleitfähigkeit be-
dingen. Als Folge davon breitet sich die Wärme in unterschiedlichen Richtungen verschieden schnell aus; die Richtung des Wärmeflusses braucht in einem Punkt nicht mit der Richtung des größten Temperaturgradienten übereinzustimmen. Die Anisotropie gibt
es nicht nur in der Anordnung der Kristallbausteine, sondern
auch makroskopisch in Gesteinen durch eine orientierte Anordnung einzelner Mineralkörner. Gesteine mit ausgeprägter Textur,
wie Sedimentgesteine und viele Metamorphite zeigen ein deutlich
anisotropes Verhalten.

Zwischen der Erdoberfläche und dem Erdinnern gibt es große Tem-
peratur- und Druckunterschiede, so daß die Wärmeleitfähigkeit
eines Gesteins nicht mehr als eine Konstante betrachtet werden
kann, sondern es muß ihre Temperatur- und Druckabhängigkeit be-
achtet werden.

Einige Gesteine mit sehr unterschiedlichen Wärmeleitfähikeiten
sowie Steinkohle sind in der nachfolgenden Tabelle 2.1 aufge-
führt.

Tabelle 2.1. Die Wärme-(K) und Temperaturleitfähigkeit (κ)
einiger Stoffe unter Normalbedingungen [2.12, 2.14]

Material	K [W/m $^{\circ}$K]	κ [10^{-6} m^2/s]
Kalkstein	2,2 - 2,8	1,1
Tonschiefer	2,4	1,2
Sandstein	3,2	1,6
Steinkohle	0,26	0,15
Steinsalz	5,5	3,1
Gneis	2,7	1,2
Granit	2,6	1,4
Gabbro	2,1	-
Peridotit	3,8	-

2.1.1 *Temperatureinfluß auf die Wärmeleitfähigkeit*

Es wird davon ausgegangen, daß die Wärmeleitfähigkeit im Erdinnern von zwei Mechanismen bestimmt wird: der Gitter-(= Pho-
nonen)leitfähigkeit und der Leitfähigkeit durch Strahlung. Der
Anteil beider Komponenten an der Gesamtleitfähigkeit ist abhängig von der Temperatur. Von Zimmertemperatur an bis zu einigen
hundert Grad Celsius dominiert in den Gesteinen, d.h. in einem
elektrisch nichtleitenden Kristallverband die Ausbreitung der
thermischen Energie durch anharmonische Gitterwechselwirkungen,
die die Phononenleitfähigkeit darstellen. Diese Leitfähigkeit
K_G ist umgekehrt proportional der Temperatur

$$K_G \sim \frac{1}{T}. \qquad (2.2)$$

Wie Experimente [z.B. 2.13, 2.22] bestätigen, läßt sich die Wärmeleitfähigkeit von Gesteinen bis zu etwa T = 700° C durch die
Funktion:

$$1/K_G = a + b\,T \qquad (2.3)$$

mit den Konstanten a und b gut beschreiben.

In den einfachsten Schichtmodellen teilt man die Lithosphäre,
die Erde von der Oberfläche bis hin zu einigen hundert Kilometern Tiefe in drei Schichten auf, nämlich in eine saure (= kie-
selsäurereiche) obere Erdkruste, in eine intermediäre bis ba-
sische untere Kruste und in einen olivinreichen oberen Erdmantel. Mit dieser globalen Gliederung lassen sich mittlere Leitfähigkeiten angeben [2.1, 2.22]:

obere Erdkruste: K_G^{-1} [m $^{\circ}$C/W] = 0,33 + 0,33 · 10^{-3} T [$^{\circ}$C]

untere Erdkruste: K_G^{-1} [m $^{\circ}$C/W] = 0,41 + 0,29 · 10^{-3} T [$^{\circ}$C] (2.4)

oberster Erdmantel: K_G^{-1} [m $^{\circ}$C/W] = 0,21 + 0,5 · 10^{-3} T [$^{\circ}$C].

Die Temperaturen im oberen Mantel werden so hoch angenommen, daß der Leitfähigkeitsanteil durch Strahlung mit berücksichtigt werden muß.

Dieser Strahlungsanteil K_S wird für den olivinreichen oberen Mantel angenommen [2.22] mit:

$$K_S \; [\text{W/m}^{\circ}\text{C}] = -0.52 + 2.3 \cdot 10^{-3} \; T \; [^{\circ}\text{C}] \quad \text{für } T \geqslant 230^{\circ} \; C \qquad (2.5)$$

Die Gesamtleitfähigkeit ergibt sich aus der Addition der partiellen Leitfähigkeiten zu

$$K = K_G + K_S. \qquad (2.6)$$

Für Einkristalle des Olivin werden im allgemeinen höhere Leitfähigkeiten gemessen [z.B. 2.8] als nach Gl. (2.6) berechnet; und es liegt nahe, im zumindest tieferen Teil des oberen Erdmantels eher die besseren Wärmeleitfähigkeiten von sehr grob kristallinem Material vorauszusetzen als die niedrigen Werte von feiner kristallinem Gestein.

Die experimentell bestimmte Strahlungsleitfähigkeit nimmt linear mit der Temperatur zu und bleibt somit weit hinter dem theoretisch zu erwartenden Temperatureinfluß zurück; denn der Theorie nach müßte die Leitfähigkeit mit der 3. Potenz der Temperatur zunehmen. Die Abweichung läßt sich teilweise durch Streuung an den Korngrenzen der Minerale und durch Strahlungsabsorption von Eisenatomen im Infrarotbereich erklären.

Aufgrund des experimentellen Ergebnisses lassen sich Wärmeleitfähigkeitsmodelle für das Erdinnere bis ca. 400 km Tiefe erstellen [z.B. 2.22]. Danach beträgt die Leitfähigkeit in dieser Tiefe nur etwa das Doppelte der Olivin-Leitfähigkeit bei Raumtemperatur (Abb. 2.1). Geringe Unterschiede müssen für Modelle unterhalb der Kontinente und unterhalb der Ozeane gemacht werden, weil die Krustenmächtigkeiten etwa 30 km unter den Kontinenten betragen und nur 10 km in ozeanischen Gebieten, so daß Leitfähigkeitsunterschiede nicht nur temperatur-, sondern auch materialbedingt auftreten.

Quarz ist ein weit verbreitetes Mineral in den Gesteinen der Oberkruste. Wegen dieser allgemeinen Verbreitung und seiner auch physikalisch wirksamen Eigenschaft der Kristallsymmetrieänderung von trigonaler (Tiefquarz) in hexagonale Symmetrie (Hochquarz) muß dieses Mineral gesondert betrachtet werden. Die Temperatur der Symmetrieänderung ist abhängig vom Druck p [MPa] und beträgt:

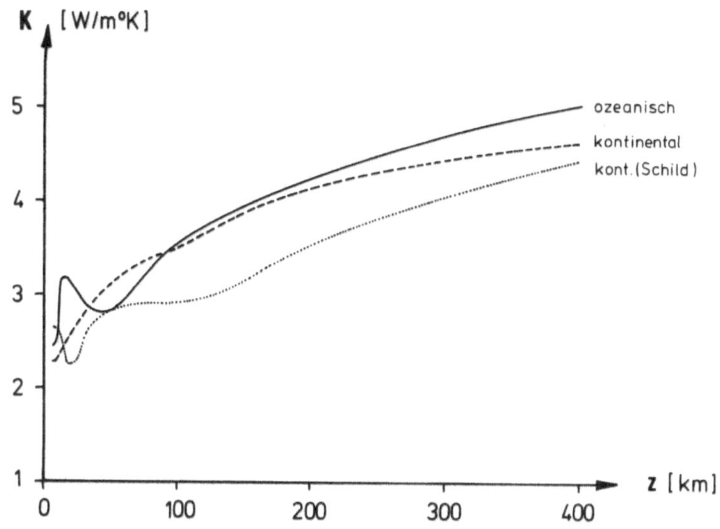

Abb. 2.1. Modell der Wärmeleitfähigkeit im Erdinnern für kontinentale Gebiete (Normaltyp, Alte Schilde) und ozeanische Gebiete

$$T \; [^{\circ}C] = 573 + 0{,}26 \; p. \qquad (2.7)$$

Solche Temperaturen können in bestimmten Gebieten der kontinentalen Kruste in Tiefen erreicht werden, in denen auch noch Granite bzw. Gneise (ca. 30 % Quarz) vorkommen können. Die Phasentransformation äußert sich in der Änderung physikalischer Eigenschaften, wie Schallwellengeschwindigkeit und Wärmeleitfähigkeit. Die Wärmeleitfähigkeitsänderung wird mit einer Abnahme von über 20 % angegeben [2.13]. Diese Verringerung der Leitfähigkeit hat zur Folge, daß unterhalb einer Schicht, in der die Phasentransformation geschieht, die Temperatur steigt.

Abgesehen von der Kristallsymmetrieänderung können Quarz und Feldspat bei Anwesenheit von Wasser unter besonderen Temperatur-Druck-Bedingungen mobilisiert werden, eine Erscheinung, die auch zu einer Verminderung der Leitfähigkeit führt.

2.1.2 *Druckabhängigkeit der Wärmeleitfähigkeit*

Unter niedrigem Druck besitzen alle Gesteine eine Porosität, die sich aus Porenräumen zwischen einzelnen Mineralkörnern und Mikrorissen zwischen den Körnern und innerhalb einzelner Kristallite zusammensetzt. Mit zunehmendem Druck wird die Porosität allmählich immer kleiner, und oberhalb von ca. 1 kbar ist ihr Einfluß schon sehr gering. Obwohl die Porositäten von Granit, Gneis und Glimmerschiefer nur die Größenordnung von etwa 1 % erreichen, verändern sich ihre physikalischen Eigenschaften wie Schallgeschwindigkeit und Wärmeleitfähigkeit bei Schließung

der Poren sehr stark. Die Druckkorrektur für Gesteine der Erdkruste (Granit, Gabbro, Gneis usw.) kann bei Drucken bis 1 kbar
größenordnungsmäßig mit 10 % veranschlagt werden [2.10, 2.28].

Unter höheren Drücken beeinflussen die elastischen Eigenschaften der einzelnen Kristallite infolge der Deformation des Kri-
stallgitters das Wärmeleitvermögen. Mit zunehmender Kompression
ist zu erwarten, daß auch die Wärmeleitfähigkeit zunimmt, und
zwar unterhalb der Elastizitätsgrenze linear mit dem Druck p:

$$K = K_O \, (1 + a\,p) \, . \qquad (2.8)$$

a liegt in der Größenordnung $(1 \text{ bis } 5)10^{-5}$ MPa^{-1} $(=1 \text{ bis } 5 \text{ Mbar}^{-1})$
[2.2, 2.23].

Neuere Messungen [2.25, 2.26] der Temperaturleitfähigkeit κ
zeigen über den gesamten Druckbereich von 0 - 300 MPa ein Verhalten nach Gl. (2.8):

$$\kappa = \kappa_0 \, (1 + a'p) \, . \qquad (2.9)$$

a' wird mit einem Wert von $(1 \text{ bis } 5)10^{-4}$ MPa^{-1} $(= 10 \text{ bis } 50 \text{ Mbar}^{-1})$
für Krustengesteine angegeben.

2.1.3 *Wärmeleitfähigkeit anisotroper Körper*

Bei Mineralen und Gesteinen mit einer richtungsabhängigen Wärmeleitfähigkeit wird die Wärmeflußdichte durch die Gleichung

$$\vec{Q} = -\underline{K} \text{ grad } T \qquad (2.10)$$

beschrieben. Anstelle der skalaren Größe K tritt der Tensor $\underline{K}$,
der bei Ausrichtung auf die drei rechtwinklig zueinander stehenden räumlichen Hauptachsen x, y und z für homogenes Material
drei unabhängige Komponenten der Wärmeleitfähigkeit besitzt.
Die Leitfähigkeitskomponenten können entweder an Einkristallen
gemessen werden oder bei Gesteinen mit ausgeprägter Textur einmal senkrecht (K_z) und einmal parallel (K_x) zur Schichtung. Im
letzten Fall wird $K_y = K_x$ gesetzt. Bei regelloser Anordnung von
anisotropen Mineralkörnern, bei stark gefalteten Gneisen usw.
stellt sich ein Mittelwert ein, der nach besonderen Mittelungs-
verfahren einen durchschnittlichen skalaren Wert für die Größe
$\underline{K}$ angibt.

Die verschiedenen Verfahren ergeben die maximalen bzw. minimalen Mittelwerte nach:

$$K_{max} = 1/3 \, (K_x + K_y + K_z) \qquad (2.11)$$

$$K_{min} = 3 \, (1/K_x + 1/K_y + 1/K_z)^{-1} . \qquad (2.12)$$

Das oft benutzte geometrische Mittel

$$K_g = \sqrt[3]{K_x \cdot K_y \cdot K_z}$$

liegt im Bereich $K_{min} \geqslant K_g \geqslant K_{max}$.

Bei anisotropen Mineralen äußert sich die Anisotropie der Kristallstruktur häufig im Habitus von Einzelkristallen. Sie sind langgestreckt ausgebildet oder haben ein blattähnliches Aussehen wie beim Quarz, Turmalin oder Glimmer und viele andere Minerale.

Die schichtweise und in der Zusammensetzung sich ändernde Ablagerung von Sedimenten hat zur Folge, daß die Sedimentgesteine häufig eine sehr große Anisotropie in ihren physikalischen Eigenschaften besitzen wie der Tonschiefer (vgl. Tabelle 2.2). Diese Anisotropie bleibt meist noch während der Metamorphose erhalten, und es entstehen dann Gesteine mit einer ausgeprägten Textur, die einen großen Unterschied im Wärmeleitvermögen senkrecht ($\perp$) und parallel ($\parallel$) zur Schichtung andeutet.

Magmatische Gesteine zeigen vielfach keine oder nur eine geringe Anisotropie, die im allgemeinen für geothermische Aufgaben vernachlässigbar ist.

Tabelle 2.2. Verhältnis der größten zur kleinsten Wärmeleitfähigkeit (R) verschiedener Minerale und Gesteine bei Raumtemperatur

Mineral/Gestein	$R = \dfrac{K_{max}}{K_{min}}$	Literatur
Quarz	2.1	[2.11]
Feldspat (Orthoklas)	1.1	[2.21]
Olivin (Fo$_{92}$ Fa$_8$)	2.0	[2.15]
Orthopyroxen	1.9	[2.15]
Tonschiefer	2.5	[2.12]
Glimmerschiefer (alpin)	1.4	[2.29]
Granit (alpin)	1.1	[2.29]
Dunit	1.3	[2.15]

2.1.4 *Wärmeleitfähigkeit poröser Gesteine*

Gesteine können außer Risse durch einseitige Druckbeanspruchung auch eine unter Druck nicht verschwindende Volumenporosität haben, die vor allem bei Sedimentgesteinen nicht vernachlässigbar ist. Bei Sandsteinen aus 1-2 km Teufe werden häufig Porositäten

von 15 % beobachtet, und weil die Poren in der Tiefe mit Wasser,
Öl oder Gas gefüllt sind, die im Gegensatz zur Matrix des Gesteins eine niedrigere Wärmeleitfähigkeit haben, kann die effektive Leitfähigkeit des gesamten Gesteins sehr stark abweichen.

Ob nun der Porenraum als kommunizierendes System oder die Poren
als isolierte Volumina betrachtet werden, erhält man unterschiedliche Abschätzungen der Gesamtwärmeleitfähigkeit des Systems. Das erste Modell (Abb. 2.2a) ergibt einen Maximalwert und
das zweite (Abb. 2.2b) einen Minimalwert.

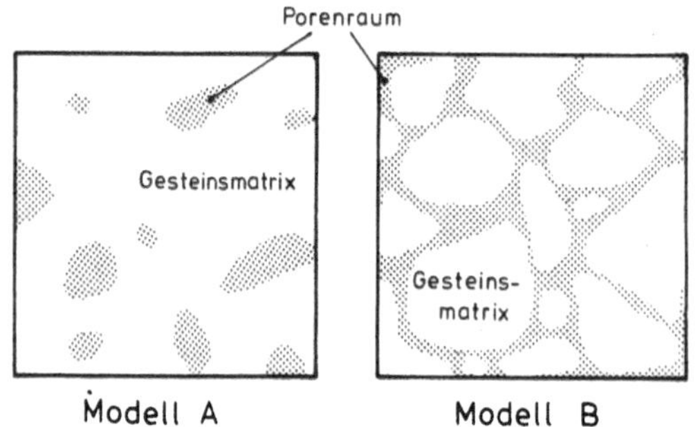

Abb. 2.2. Modelle des Poren-
raums zur Abschät-
zung der Gesamtwärme-
leitfähigkeit

Für kleine Porositäten Φ ergeben sich für die effektive Wärmeleitfähigkeit K die folgenden Werte [2.28]:

Maximalwert (Modell A):

$$K = K_M \left[1 - \frac{\Phi \left(1 + 2 \frac{K_P}{K_M}\right) \left(1 - \frac{K_P}{K_M}\right)}{\Phi \left(1 - \frac{K_P}{K_M}\right) + 3 \frac{K_P}{K_M}} \right] \tag{2.13}$$

Minimalwert (Modell B):

$$K = K_M \left[1 - \frac{3 \Phi (1 - K_P/K_M)}{2 + \Phi + K_P/K_M} \right] \tag{2.14}$$

K_P ist die Wärmeleitfähigkeit der Porenfüllung und
K_M ist diejenige der Gesteinsmatrix.

Der Einfluß der Porenfüllung auf einen Sandstein mit verschiedenen Porositäten wird in Tabelle 2.3 veranschaulicht.

Tabelle 2.3. Abschätzung der Wärmeleitfähigkeit K von Sandsteinen mit verschiedenartiger Porenfüllung bei
$T = 300^{\circ}$ K ($K_{Quarz} = 6,1$ W/m $^{\circ}$K)

| Modell des Porenraumes | K [W/m $^{\circ}$K] mit Porenfüllung | | | | | |
| | Wasser | | Öl | | Gas | |
	$\Phi = 5$ %	15 %	$\Phi = 5$ %	15 %	$\Phi = 5$ %	15 %
A	5,7	5,0	5,8	5,2	5,7	4,9
B	5,2	3,9	5,7	4,9	1,2	0,4

2.2 Die spezifische Wärme

Die Zunahme der inneren Energie (q^*) eines Volumenelementes ist
proportional seiner Masse (m) und der Temperaturerhöhung (vgl.
Abschn. 1.3). Der Proportionalitätsfaktor heißt spezifische
Wärme c, so daß gilt:

$$c = \frac{1}{m} \frac{d\,q^*}{d\,T} \tag{2.15}$$

mit der Dimension [Ws/g $^{\circ}$K].

Für Gesteine, die nicht porös sind, beträgt die mittlere spezifische Wärme $c \approx 0,8$ Ws/g $^{\circ}$K, ein Wert, der eine deutliche Abhängigkeit von der Temperatur hat. Für kristalline Gesteine wird
die Temperatur bei konstantem Druck in folgender Gleichung [2.6]
berücksichtigt:

$$c_p \text{ [Ws/g } ^{\circ}\text{K]} = 0,75\ (1+6,14 \cdot 10^{-4}T - 1,928 \cdot 10^{4}/T^{2}) \tag{2.16}$$

wobei die Temperatur in [$^{\circ}$K] angegeben wird.

Sedimentgesteine haben häufig eine hohe Porosität, und sofern
sie mit Wasser gesättigt sind, erhöht sich entsprechend ihre
spezifische Wärme wegen des hohen Wertes von Wasser
($c = 4,2$ Ws/g $^{\circ}$K bei $T = 20^{\circ}$ C). Im Bereich der Oberkruste kann
sogar die spezifische Wärme des Wassers von $c = 8$ Ws/g $^{\circ}$K bei
$T = 350^{\circ}$ C und $p = 20$ MPa erreicht werden.

Bei gesättigten porösen Gesteinen wird eine spezifische Wärme
aus den Werten für die Matrix und die Porenfüllung durch ge-
wichtete Mittelung errechnet. In Tabelle 2.4 sind die spezifischen Wärmen einiger Materialien angegeben, mit denen bei
geothermischen Aufgaben häufig zu rechnen ist.

Tabelle 2.4. Spezifische Wärme (c)
einiger Stoffe bei
$T = 20^\circ$ C [2.14]

Material	$c \left[\dfrac{Ws}{g\,^\circ K} \right]$
Sandstein	0,71
Kalksandstein	0,84
Ton	0,86
Steinkohle	1,26
Petroleum	2,1
Eis	2,1
Wasser	4,2

Unter den sehr hohen Drücken und Temperaturen im oberen Erdmantel und erst recht im Kern kann nicht allein die isobare spezifische Wärme (c_p) betrachtet werden, sondern die isochore (c_v) bei konstantem Volumen ist in die Aufgabenstellung wie bei der Berechnung von Konvektionen im Erdinnern einzubeziehen. Beide spezifische Wärmen sind miteinander verknüpft, und ihr Verhältnis ist

$$\frac{c_p}{c_v} = 1 + \alpha \gamma \, T. \tag{2.17}$$

Darin sind α der Volumenausdehnungskoeffizient, T die absolute Temperatur ($^\circ K$) und γ der Grüneisen-Parameter, der meist im Bereich $1 \leqq \gamma \leqq 2$ liegt.

2.3 Die radiogene Wärmeproduktion

2.3.1 *Die Gesteinsradioaktivität an der Erdoberfläche*

In allen Gesteinen ist eine mehr oder weniger hohe Konzentration an radioaktiven Elementen feststellbar. Die beim Kernzerfall entstehende Strahlungsenergie wird durch Absorption in Wärme umgesetzt. Vor allem sind es die Elemente Uran, Thorium und das instabile Isotop K^{40} im natürlich vorkommenden Kalium. Rubidium (Rb^{87}), das auch in diese Reihe der Wärmeproduzenten gehört, trägt mit 10^{-12} W/g des natürlichen Rubidium so wenig (ca. 1 %) zur Gesamtwärmeproduktion bei, daß es nur der Vollständigkeit halber erwähnt wird. Die Wärmeproduktion A errechnet sich nach den Konzentrationen c von U [ppm], Th [ppm] und K [%] zu [2.18]:

$$A \; [\mu W/m^3] = (0.178 \; c_U + 0.193 \; c_{Th} + 0.262 \; c_K) \; 0{,}133 \; \rho \tag{2.18}$$

wobei ρ [g/cm^3] die Dichte des Gesteins ist.

Mit Ausnahme von Kalium bilden die anderen drei Elemente in
der Regel keine eigenständigen Minerale. Uran- und Thoriummine-
rale sind wegen ihrer seltenen und nur lokalen Vorkommen von
untergeordneter Bedeutung, wenn man die großräumige Verteilung
von Uran und Thorium als Spurenelemente in der Erdkruste betrachtet. Nur in ihrer global verteilten Form sind sie für den
Wärmehaushalt der Erde entscheidend. Die genannten Elemente
kommen als Spurenelemente und Kalium evtl. als Mineralbildner
in den magmatischen, metamorphen und sedimentären Gesteinen
vor. Obwohl die Konzentrationen in einzelnen Proben eines gleichen Gesteinstyps sehr stark variieren können, läßt sich eine
allgemeine Regel erkennen: Der Gehalt an Uran, Thorium und Kalium nimmt mit zunehmendem Kieselsäuregehalt der Gesteine zu.

Diese drei Elemente können in einem Gestein unterschiedlich
gebunden sein. Die Bindungsmechanismen lassen sich zu zwei
Gruppen zusammenfassen, nämlich einem leichtlöslichen Anteil
und einem un- bzw. schwerlöslichen Anteil. Der unlösliche Anteil ist fest im Kristallgitter eines bzw. mehrerer eigenstän-
diger Minerale, als Einschluß oder diadoch in anderen Mineralen
eingebaut. Der lösliche Anteil ist jener, der an Korngrenzen
und Kristalloberflächen adsorbiert ist und/oder sich im Porenraum eines Gesteins befindet.

Der lösliche Anteil der radioaktiven Elemente nimmt proportional mit ihren Gesamtgehalten zu (Abb. 2.3) und wird mobil, sobald Wässer durch das Gestein migrieren. Die Migration führt zu
einer Umverteilung im wesentlichen von Uran, aber auch von Thorium. Eine solche Umverteilung findet nicht nur während der
Verwitterung statt, sondern auch während der Abkühlung von Intrusionen in der Erdkruste [2.4, 2.20] und während der Metamorphose von Gesteinen, die sogar zu einer großräumigen Umverteilung auch der schwerlöslichen Anteile führen kann.

Die hohe Mobilität dieser lithophilen Elemente ist ein Grund für
ihre Anreicherung in den obersten Schichten der Erdkruste, ein
Vorgang, der durch die Erdgeschichte hindurch verfolgt werden
kann und auch heute noch nicht abgeschlossen ist. Die zeitliche
und räumliche Umverteilung der radiogenen Wärmeproduzenten be-

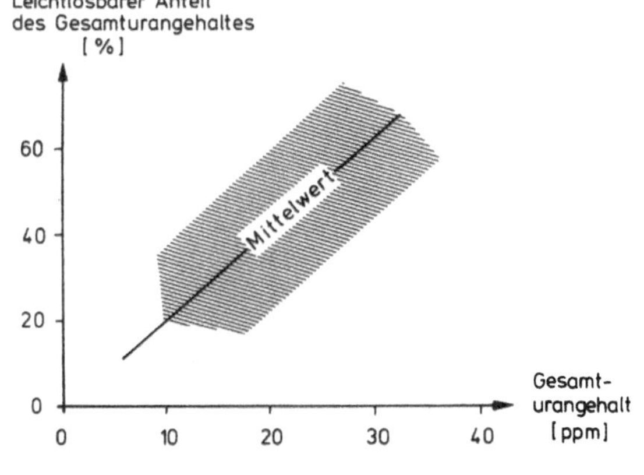

Abb. 2.3. Leichtlösbarer
Anteil des Urange-
haltes im Giuv-
Syenit (Aarmassiv)
nach [2.16]

Tabelle 2.5. Radiogene Wärmeproduktionen einiger Gesteine nach Zusammenstellungen von [2.12, 2.24] und nach Daten von [2.18, 2.19, 2.27]

Gestein	Wärmeproduktion A	
	$[10^{-13} \text{ cal/cm}^3 \text{s}]$	$[\mu\text{W/m}^3]$
Granit	7,1	3,0
Granodiorit	3,6	1,5
Diorit	2,6	1,1
Gabbro	1,1	0,46
Dunit	0,01	0,0042
Peridotit	0,025	0,0105
Olivinfels (Eifel)	0,036	0,015
Sandstein	0,8 - 2,4	0,34 - 1,0
Tonschiefer	4,4	1,8
Glimmerschiefer	3,6	1,5
Gneis	5,8	2,4
Amphibolit	0,8	0,3
Eklogit		
niedriger U-Gehalt	0,08	0,034
hoher U-Gehalt	0,35	0,15
Chondrite (Steinmeteorite)	0,063	0,026

einflußt das Temperaturfeld im Erdinnern sehr stark, weil man annehmen muß, daß 1/3 - 1/2 der an der Oberfläche gemessenen Wärmeflußdichte durch den Zerfall der instabilen Isotope entsteht.

Die Konzentration der wärmeproduzierenden Elemente in den einzelnen Gesteinstypen (Tab. 2.5) lassen eine Verteilung im Erdinnern vermuten, die im wesentlichen vom Gesteinstyp her bestimmt wird. Allerdings muß auch vorausgesetzt werden, daß innerhalb einer homogenen Gesteinsschicht der Erdkruste die radiogene Wärmeproduktion keineswegs konstant sein kann, eine Erkenntnis, die seit der Entdeckung der Gesteinsradioaktivität [2.9] gewonnen wurde. Eine Oberkruste mit einer konstanten für Granit typischen mittleren Wärmeproduktion wäre ausreichend,den gesamten Wärmefluß aus dem Erdinnern zu erzeugen. Da aber auch ein Beitrag zum Wärmefluß aus dem tieferen Erdinnern angenommen werden muß, kann die Wärmeproduktion in homogenen Schichten nicht konstant sein oder aber nicht den Mittelwerten der jeweiligen Gesteine entsprechen, wie sie an der Erdoberfläche gemessen werden.

2.3.2 *Methoden zur Abschätzung der radiogenen Wärmeproduktion im Erdinnern*

Zur Beschreibung der Wärmeproduktion in den Gesteinen der magmatischen Differentiationsreihe von Gabbro bis Granit ist der Kieselsäuregehalt als abhängige Variable ausreichend. Diese Abhängigkeit genügt jedoch nicht, wenn größere Erzkomponenten oder ein größerer Spinellanteil im Gestein vorhanden sind. Sie genügt auch nicht, wenn gleicher Chemismus in verschiedenen Druckmodifikationen vorliegt, wie in Gabbro und Eklogit.

Es muß eine mineralspezifische Größe gewählt werden, die vom
Chemismus unabhängig ist. Zu diesem Zweck denkt man sich die
Dichte ρ eines Minerals zusammengesetzt aus einem Anionen-Anteil (ρ^A) und einem Kationen-Anteil (ρ^K) und nimmt an, daß die
Anionen nur Sauerstoffionen sind, die in nahezu dichtester Kugelpackung vorliegen. Es ist dann der Anionen-Anteil (ρ^A) nahezu
konstant. Die Dichte wird im wesentlichen durch den Kationen-Anteil (ρ^K) beeinflußt. Auch die Schallwellengeschwindigkeit
(v_p) ist eine Funktion der Kationenanordnung im Kristallgitter
vieler Minerale [2.5, 2.20]. Diese Anordnung der Kationen wird
Kationenpackungsindex genannt [2.4, 2.7].

Außer zwischen dem Kationenpackungsindex (k-Wert) und sowohl der
Dichte ρ wie auch der Schallwellengeschwindigkeit v_p wird eine
gute Korrelation zwischen dem k-Wert und der radiogenen Wärmeproduktion A festgestellt [2.3, 2.4, 2.20]. Die genannten Abhängigkeiten:

$$
\begin{array}{ccc}
\text{k-Wert} & \circ\!\!-\!\!\circ & \rho \\
\text{k-Wert} & \circ\!\!-\!\!\circ & v_p \\
\text{k-Wert} & \circ\!\!-\!\!\circ & A
\end{array}
$$

begründen eine Korrelation zwischen Schallwellengeschwindigkeit
(v_p), Dichte (ρ) und Wärmeproduktion (A) untereinander:

$$
\begin{array}{ccc}
v_p & \circ\!\!-\!\!\circ & A \quad [2.18] \\
\rho & \circ\!\!-\!\!\circ & A \\
\rho & \circ\!\!-\!\!\circ & v_p \quad [2.17]
\end{array}
$$

Die Beziehungen zur Wärmeproduktion gelten vor allem für kristalline Gesteine. Es sind keine Meßdaten von Sedimentgesteinen
verwendet worden.

Mit Hilfe der genannten Zusammenhänge ist es möglich, aufgrund
seismischer Ergebnisse und/oder gravimetrischer Modellrechnungen die Wärmeproduktion in der Erdkruste abzuschätzen [2.4].

Die seismisch ermittelte Schallwellengeschwindigkeit ist eine
Größe, die nicht nur von der Art des Gesteins, sondern auch vom
Druck und der Temperatur abhängt, die in der Tiefe herrschen,
für die die Geschwindigkeit ermittelt wurde. Um eine Beziehung
zwischen Geschwindigkeit und Wärmeproduktion herstellen zu können, müssen der Druck- und Temperatureinfluß berücksichtigt werden. In Abb. 2.4 ist die A-v_p-Beziehung daher unter normierten
Bedingungen dargestellt. Zu ihrem Gebrauch müssen die seismisch
ermittelten Geschwindigkeiten v_p je nach ihrer Tiefe mit einem
Korrekturfaktor multipliziert werden [2.3]. Im Korrekturfaktor
sind mittlere Temperaturen für kontinentale Gebiete eingearbeitet. Für Zonen mit erniedrigter Geschwindigkeit, z.B. verursacht durch partielle Aufschmelzung, ist die Abb. 2.4 nicht
anwendbar.

Die Beziehung zwischen Dichte und Wärmeproduktion (Abb. 2.5)
ist druck- und temperaturunempfindlicher. Es können die Normalbedingungen an der Erdoberfläche direkt auf die Dichte innerhalb der Erdkruste übertragen werden.

22

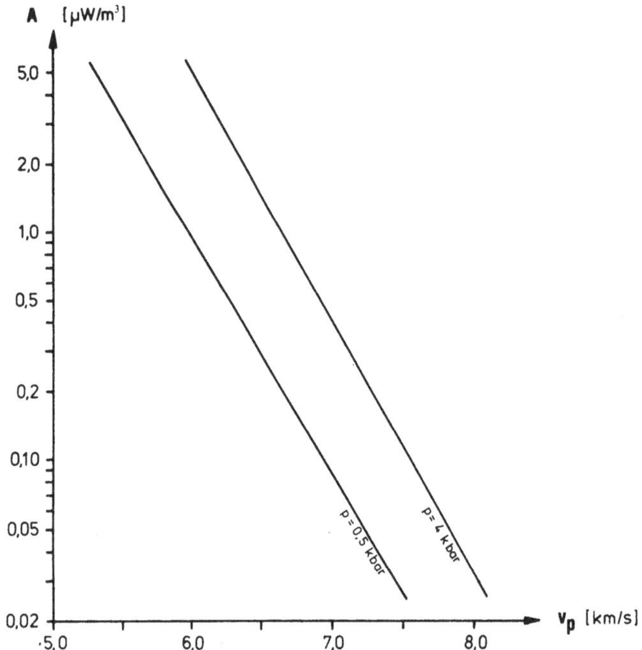

Abb. 2.4. Beziehung zwischen Wärmeproduktion A und Schallwellengeschwindigkeit V_p für die Drücke p = 0,5 kbar und
p = 4 kbar

In der Regel werden die Dichte-Tiefen-Verteilungen als Stufen-
funktionen angesetzt, so daß auch die Wärmeproduktionsvertei-
lung eine solche Funktion ergibt. Hingegen können die Geschwin-
digkeits-Tiefen-Verteilungen auch als monotone Funktionen ermittelt werden, die ihrerseits eine entsprechende Wärmeproduktions-
verteilung ergeben (Abb. 2.6). In vielen Fällen gibt es weder
ausreichend gravimetrische noch seismische Daten, aufgrund derer
die Wärmeproduktion abgeschätzt werden könnte. Es muß dann ein
petrologisches Schichtenmodell erstellt werden, wobei der Mitte
der einzelnen Schichten globale Mittelwerte der Wärmeproduktion
der jeweils angenommenen Gesteinstypen zugeordnet werden. Zwi-

Tabelle 2.6. Faktoren der Druck- und Temperaturkorrektur der
Schallwellengeschwindigkeit v_P zum Gebrauch der
Abb. 2.4a bei p = 4 kbar

Schallwellen-geschwindigkeit v_P [km/s]	Korrekturfaktoren für die Tiefe z [km]					
	5	15	20	25	30	35
6,0 - 6,4	1.020	1.016	1.021	1.039	---	---
6,5 - 7,5	1.013	1.016	1.017	1.022	1.032	1.042
> 7,5	1.019	1.016	1.015	1.020	1.022	1.022

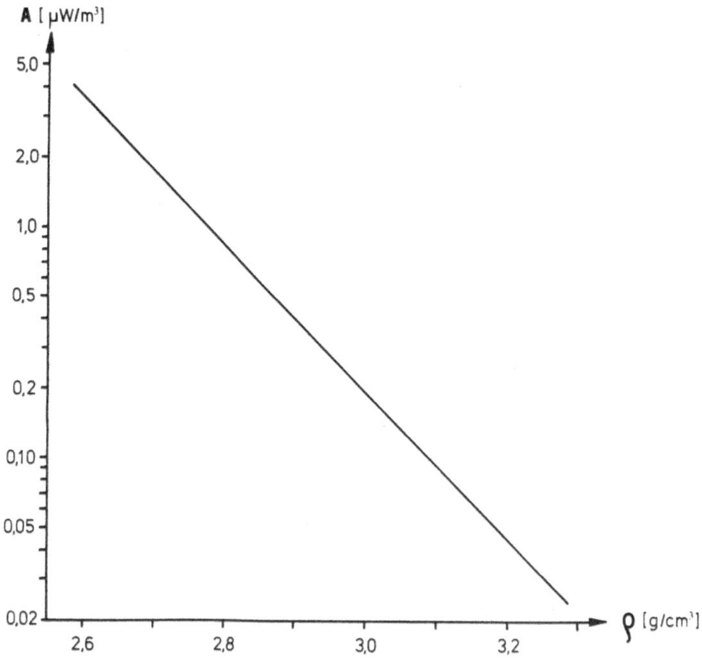

<u>Abb. 2.5.</u>   Beziehung zwischen Wärmeproduktion A und Dichte ρ

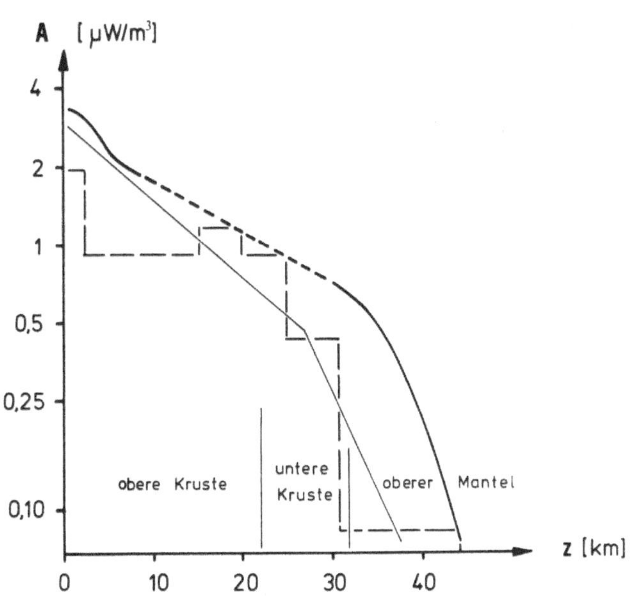

<u>Abb. 2.6.</u>   Modelle der Wärmeproduktionsverteilung in der Kruste
der Voralpen [2.4] nach
seismischen Ergebnissen
gravimetrischen Modellen
petrologischem Modell

schen den einzelnen Punkten wird eine Verteilung der Wärmeproduktion angenommen, die an eine Exponentialfunktion approximiert ist (Abb. 2.6).

Die aufgezeigten Methoden sind nur für die Erdkruste und den obersten Teil des Erdmantels anwendbar. Für größere Tiefen gibt es nur grobe Abschätzungen der Wärmeproduktion anhand der U-, Th- und K-Gehalte sowohl in ultrabasischen Gesteinen wie auch in Steinmeteoriten, sofern sie als repräsentatives Mantelmaterial angesehen werden können. Bei einer basischen bis ultrabasischen Zusammensetzung des oberen Mantels müßte die Wärmeflußdichte an der Oberfläche höher sein als die beobachtete, könnte ein stationärer Wärmefluß angenommen werden. Es wird vermutet, daß die im Mantel generierte Wärme nur zum Teil die Erdoberfläche erreicht oder aber die gemessenen Wärmeproduktionen nicht repräsentativ für den oberen Mantel sind. Könnte nachgewiesen werden, daß die generierte Wärme größer ist als die an die Oberfläche abgeführte, so könnte der Beweis erbracht werden, daß die Erde auf kaltem Wege entstanden ist und sich allmählich aufheizt.

3. ANALYTISCHE BEHANDLUNG VON KONDUKTIVEN TEMPE-RATURAUSGLEICHSVORGÄNGEN IN DER ERDKRUSTE

Vielfältig sind die geothermischen Aufgaben, die sich im Zusammenhang mit tektonischen und magmatischen Vorgängen in der Erdkruste stellen. Während die tektonischen Erscheinungen ohne konvektiven Wärmetransport kaum dargestellt werden können, lassen sich magmatische Intrusionen oder auch vulkanische Erscheinungen viel eher als Temperaturausgleichsvorgänge beschreiben, die überwiegend auf Wärmeleitung beruhen.

In der geologischen Realität ist diese Annahme allerdings vereinfachend, da doch beispielsweise Wasser im Verlaufe der Abkühlung von Magmenkörpern ins Nebengestein hineinmigriert und damit auch einen nicht vernachlässigbaren Anteil Wärme transportiert. Es müssen jedoch für Modellbetrachtungen solche Vereinfachungen gemacht werden, die einerseits die Abkühlung von Körpern mit genügender Genauigkeit behandeln lassen und zum anderen die Fehlerquellen, die auf den Vereinfachungen beruhen, abzuschätzen erlauben.

Für die im folgenden betrachteten Körper lassen sich unter speziellen Voraussetzungen analytische Lösungen für die Wärmeleitungsgleichung angeben. Die einfache Lösbarkeit eines Problems hat den Vorteil, das Modell schnell und problemlos variieren zu können.

Die Darstellung des Ergebnisses ist leicht überschaubar, wenn das Fehlerintegral nach GAUSS $\Theta(x)$ benutzt wird:

$$\Theta(x) = \frac{2}{\sqrt{2\pi}} \int_0^x \exp(-a^2/2)\, d a \qquad (3.1)$$

Vielfach wird statt des Fehlerintegrals die sog. "error function"/erf(x) angegeben. Der Zusammenhang ist wie folgt:

$$\Theta(x) = \mathrm{erf}(x/\sqrt{2})\,. \qquad (3.2)$$

Das Fehlerintegral ist tabellarisch im Anhang angegeben. Die Funktion ist gleich Null für x = O und eins für x $\longrightarrow \infty$. In praxi kann jedoch mit einer oberen Grenze von x = 3,O gearbeitet werden. Die Abweichung des Funktionenwertes $\Theta(x)$ von eins ist dann kleiner als 3 Promille.

Bei den Modellen wird angenommen, daß die Intrusion plötzlich ins Nebengestein eindringt und ihre Temperatur während dieses

Vorganges konstant ist. Der Fehler, der bei diesen Voraussetzungen entsteht, wird im Verlaufe der Abkühlung, d.h. mit wachsender Zeit vernachlässigbar klein.

Das Nebengestein, das an der Intrusion oder auch Extrusion angrenzt, sollte im Modell isotrop homogen sein und dieselben thermischen Eigenschaften besitzen wie das Magma. Bei Unterschieden in der Wärme- bzw. Temperaturleitfähigkeit kann die Wärme schneller oder auch langsamer ins Nebengestein abgeführt werden. Nun sind aber auch die Wärme- und die Temperaturleitfähigkeit ziemlich stark temperaturabhängig, ohne daß diese Abhängigkeit berücksichtigt werden kann. Den Fehler kann man dadurch vermindern, indem Mittelwerte der Größen für die infrage kommenden Temperaturbereiche in den Modellen benutzt werden.

Eine weitere nicht zu vernachlässigende Größe ist die Schmelzwärme des Magmas, die während der Kristallisation abgegeben wird. Die Schmelzwärme kann 1/3 des Wärmeinhaltes eines Magmenkörpers ausmachen. Ihr Anteil ist umso geringer, je heißer das Magma ist. Ein Teil dieser zusätzlichen Wärme wird jedoch mit der freiwerdenden fluiden Phase ins Nebengestein abgeführt, dennoch verbleibt ein Schmelzwärmeanteil von etwa 25 %.

Auf analytischem Wege ist eine Lösung der Wärmeleitungsgleichung unter Berücksichtigung der allmählich freiwerdenden Schmelzwärme kaum möglich. Es gibt allerdings zwei Wege, diese Wärme dem Betrage nach zu berücksichtigen. Einmal kann zur Intrusionstemperatur eine fiktive Temperatur addiert werden, die sich aus dem Quotient von Schmelzwärme (L) und spezifischer Wärme (c) ergibt:

$$T^* = L/c \approx 300^{\circ} \text{ C.} \tag{3.3}$$

Zum anderen kann der Intrusivkörper um ein fiktives Volumen vergrößert werden, das bei einer Abkühlung die gleiche Wärmemenge abgäbe wie die Schmelzwärme bei der Kristallisation des Magmas.

In beiden Fällen wird der Fehler mit zunehmender Zeit kleiner. Im ersten Fall erhält man jedoch für große Zeiten eine bessere Approximation an die tatsächlichen Verhältnisse und im zweiten Fall für kleine Zeiten.

3.1 Temperaturausgleich im homogenen Halbraum

3.1.1 Der Halbraum mit einer Grenzfläche

Migriert Thermalwasser oder Oberflächenwasser entlang einer Bruchzone, dann wird das Temperaturfeld im Nebengestein verändert. Wenn ein Lavastrom die Oberfläche bedeckt, werden die oberen Bereiche des Untergrundes erhitzt; und wenn Magma innerhalb der Kruste aufsteigt oder sich lateral ausbreitet, werden das Nebengestein oder im größeren Maßstab ganze Krustenbereiche auf-

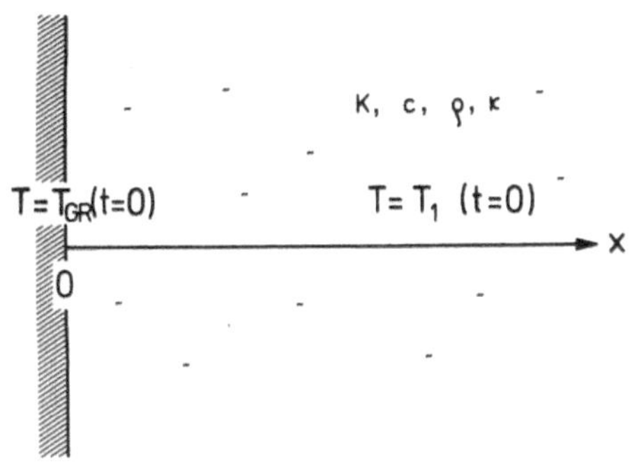

Abb. 3.1. Modell eines Halbraumes mit einer
Grenzfläche

geheizt. Der zeitliche Temperaturverlauf im Nebengestein kann
mit Hilfe eines Modells nach Abb. 3.1 berechnet werden. Dem Modell liegt dabei zugrunde, daß die Temperatur an der Schicht-
oberfläche des Halbraumes konstant (T_{GR}) ist. Da in der Regel
ein thermisches Ereignis nach einer bestimmten Zeit wieder ab-
klingt, d.h. T_{GR} bleibt beispielsweise wegen der Abkühlung des
Magmas nicht konstant, ist das Modell nur anwendbar für Zeiten,
während derer sich T_{GR} nicht wesentlich ändert.

Ist T_1 die anfängliche konstante Temperatur des Nebengesteins
und T_{GR} diejenige, die sich momentan an der Grenzfläche ein-
stellt, so ist der Temperaturverlauf im Nebengestein:

$$T(x,t) = (T_{GR} - T_1) \left[1 - \Theta\left(\frac{x}{\sqrt{2\,\kappa\,t}}\right)\right] + T_1 \qquad (3.4)$$

und die Wärmeflußdichte Q:

$$Q(x,t) = \left|K\,\frac{\partial T}{\partial x}\right| = (T_{GR} - T_1)\,\exp\left(-\frac{x^2}{4\,\kappa\,t}\right)\,\sqrt{(K\,c\,\rho)/(\pi\,t)} \qquad (3.5)$$

Die dem Nebengestein insgesamt zugeführte Wärmemenge pro Flächeneinheit beträgt:

$$\widetilde{Q}(t) = \int_0^t Q(0,t^*)\,d\,t^* = 2\,(T_{GR} - T_1)\,\sqrt{K\,c\,\rho\,t/\pi} \qquad (3.6)$$

Die Abb. 3.2 zeigt den Temperaturverlauf nach Gl. (3.4).

Die relative Temperatur $(T-T_1)/(T_{GR}-T_1)$ ist dargestellt gegen
die Größe $a = x/\sqrt{2\,\kappa\,t}$.

Beispiel: Die Temperatur $(T-T_1)$ beträgt nur noch 10 % der ur-
sprünglichen Differenz $T_{GR} - T_1$, wenn a den Wert 1,65 (vgl.
Abb. 3.2) erreicht. Bei einer Wärmeleitfähigkeit von
$K = 2$ W/m ^OK, einer spezifischen Wärme $c = 1$ Ws/g ^OK und einer
Dichte $\rho = 2,5$ g/cm^3 ist dies erreicht nach 10 Jahren in einer
Entfernung vom Kontakt $x = \sqrt{(2Kt)/(c\,\rho)}$ a $= 37$ m und nach 1000
Jahren bei $x = 370$ m.

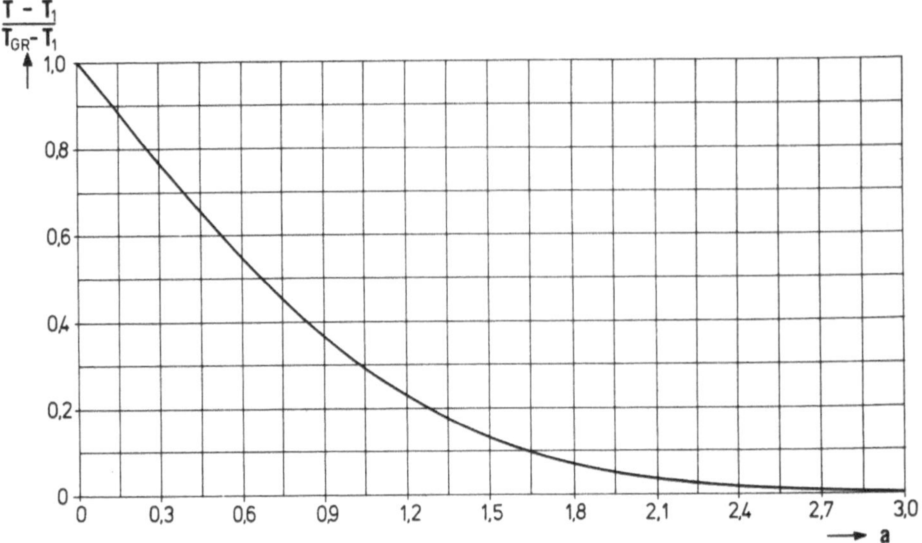

<u>Abb. 3.2.</u> Relativer Temperaturverlauf in einem Halbraum mit
einer Grenzfläche in Abhängigkeit von a = $x/\sqrt{2\,\kappa\,t}$
nach Gl. (3.4)

3.1.2 <u>Untergrund mit Lavabedeckung</u>

Bedeckt ein Lavastrom der Temperatur T_1 die Erdoberfläche, er-
starrt, kühlt sich selbst ab und erhitzt im Verlaufe seiner Abkühlung die obersten Erdschichten, die eine anfänglich konstante Temperatur T_2 besaßen, so läßt sich der Temperaturverlauf in
den betroffenen Bereichen mit einem Modell nach Abb. 3.3 errechnen. Die Mächtigkeit der Lavaschicht (h) muß wegen der eindimensionalen Betrachtung bedeutend kleiner sein als ihre Ausdehnung. Die Lavaoberfläche (z = O) wird auf Lufttemperatur gehalten, die zweckmäßigerweise mit $T_O = O^O$ C angenommen wird.
Die Grenzfläche (z = h) zwischen Lavaboden und vorheriger Erdoberfläche soll idealen Kontakt haben, damit kein Wärmeüber-
gangswiderstand entsteht und die Temperatur stetig verläuft.
Außerdem wird angenommen, daß beide Gesteine sowohl für $O \leqslant z \leqslant h$
als auch für z > h gleiche thermische Eigenschaften besitzen.
Es ist dann

$$T(z,t) = T_2 + \frac{T_1 - T_2}{2}\left[\Theta\left(\frac{h-z}{\sqrt{2\,\kappa\,t}}\right) + 2\,\Theta\left(\frac{z}{\sqrt{2\,\kappa\,t}}\right) - \Theta\left(\frac{h+z}{\sqrt{2\,\kappa\,t}}\right)\right] \quad (3.7)$$

Die Abb. 3.4 zeigt die relative Temperaturänderung
$(T(z,t) - T_2)/(T_1 - T_2)$ in Abhängigkeit des Verhältnisses z/h. Der
Kurvenparameter ist a = $\sqrt{2\,\kappa\,t}$/h.

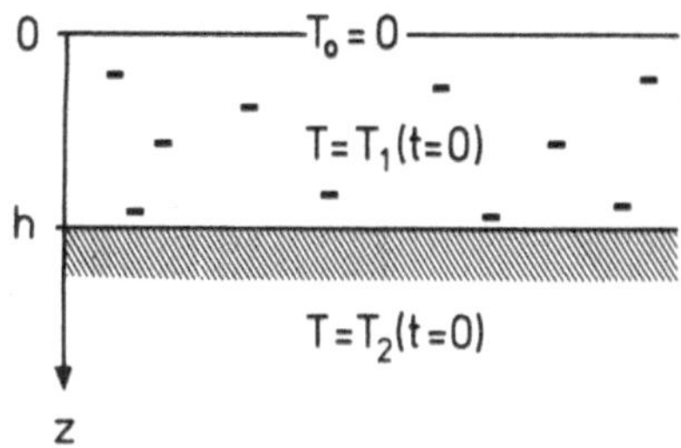

<u>Abb. 3.3.</u> Modell eines Halbraumes
mit zwei Grenzflächen
(Untergrund mit Lavabe-
deckung)

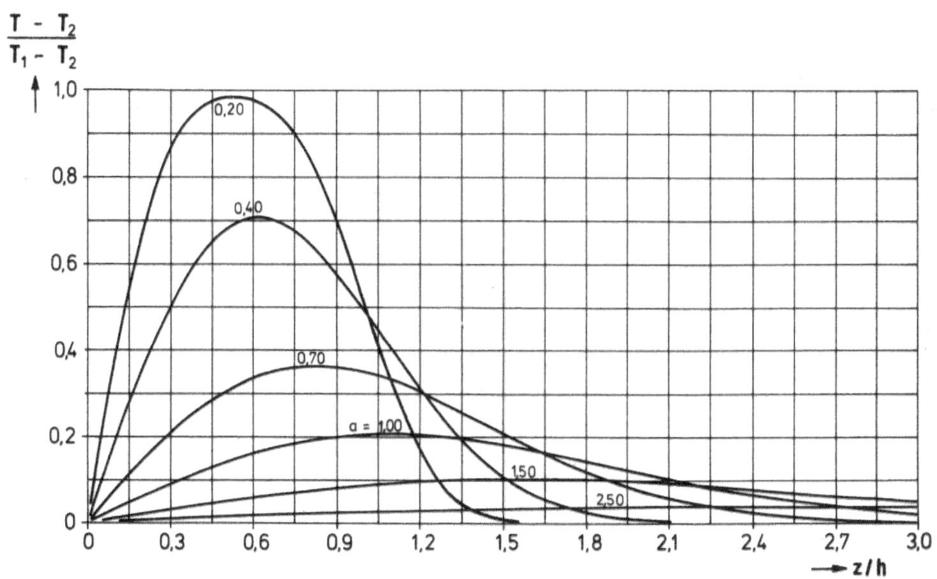

<u>Abb. 3.4.</u> Relativer Temperaturverlauf in einem Halbraum mit
zwei Grenzflächen (Untergrund mit Lavabedeckung) in
Abhängigkeit des Verhältnisses z/h nach Gl. (3.7). Der
Kurvenparameter ist a = $\sqrt{2\,\kappa\,t}$/h

Beispiel: Gesucht ist die Zeit, nach der das Temperaturmaximum
in der Tiefe z= 2h erreicht ist, wenn die Lavabedeckung h = 20m
beträgt. Nach Abb. 3.4 beträgt für die gesuchte Bedingung der
Parameter a = $\sqrt{2\kappa t}$ / h $\approx$ 2. Mit κ = 32 m^2/Jahr folgt:

$$t \approx \frac{4 \cdot 400}{2 \cdot 32} = 25 \text{ Jahre.}$$

3.2 Temperaturausgleich in Modellkörpern

3.2.1 Abkühlung von Eruptivgängen

Beim Vordringen von Magma in höhere Bereiche der Erdkruste können Spalten entstehen, die entweder mit Stammagma selbst ausge-
füllt werden oder mit seinen Abkömmlingen (Pegmatite, Aplite
usw.). Die im Modell plattenförmigen Körper kühlen sich ab und
heizen dabei das Nebengestein auf. Je nach Höhe der Temperatur
und Zeit ihrer Einwirkung kann es sogar zu einer Mineralumwand-
lung im Nebengestein kommen. Die Temperatur und ihre Einwirkzeit
sind aber nicht nur vom Abstand zum Gang abhängig, sondern auch
von den thermischen Eigenschaften sowohl des Ganggesteins wie
auch des Nebengesteins. Im allgemeinen kann nun nicht vorausgesetzt werden, daß beide Gesteine gleiche thermische Eigenschaften besitzen; denn selbst wenn es sich um das gleiche Material
handelt, ist wegen der Temperaturabhängigkeit der thermischen
Größen: Wärme- (K) und Temperaturleitfähigkeit (κ) die Voraussetzung schon nicht mehr gegeben. Nun sind aber die Leitfähigkeiten der Gesteine höchstens um einen Faktor 2 verschieden, so
daß der Fehler nicht allzu groß werden kann. Bei Berechnung der
Temperatur an der Grenzfläche der beiden Schichten können die
Abweichungen gegenüber Körpern mit gleichen Leitfähigkeiten etwa
10 % unmittelbar nach dem thermischen Ereignis betragen. Die
maximale Grenzflächentemperatur (T_{GR}) beträgt für Schichten großer Mächtigkeit:

$$T_{GR} = T^* \left(1 + \sqrt{(K_2 c_2 \rho_2)/(K_1 c_1 \rho_1)}\right)^{-1} + T_2 \qquad (3.8)$$

wobei T^* die Temperaturdifferenz zwischen der Intrusion (Körper 1) und dem Nebengestein (Körper 2) ist, $K_{1/2}$ die Wärmeleitfähigkeiten sind, $c_{1/2}$ die spezifischen Wärmen und $\rho_{1/2}$ die
Dichten. Mit der Temperatur des Nebengesteins (T_2) und T_{GR} ergibt
sich die Temperaturerhöhung an der Grenzfläche zu $\tilde{T}_{GR}=T_{GR}-T_2$.
Die Grenzflächentemperatur ist die höchste Temperatur, die das
Nebengestein annehmen kann. Eine Abweichung von $\tilde{T}_{GR} = T^*/2$ be-
deutet, daß die Wärme entweder schneller $\tilde{T}_{GR} < T^*/2$ oder langsamer $\tilde{T}_{GR} > T^*/2$ abgeführt wird als bei gleichen thermischen
Eigenschaften.

Abb. 3.5 veranschaulicht das Modell, das den Berechnungen zugrunde gelegt wird. Die Mächtigkeit der Platte (2 D) muß bedeutend kleiner sein als ihre Länge und Breite, um die eindimensionale Betrachtung des Problems zu rechtfertigen. Haben sowohl
die Intrusion wie auch das Nebengestein gleiche thermische Eigenschaften, ergibt sich die orts- und zeitabhängige Temperatur
zu:

$$T(x,t) = T_2 + \frac{T_1 - T_2}{2}\left[\Theta\left(\frac{D+x}{\sqrt{2\kappa t}}\right) + \Theta\left(\frac{D-x}{\sqrt{2\kappa t}}\right)\right] \qquad (3.9)$$

mit der Temperatur des Nebengesteins (T_2) zur Zeit t = O und der
Intrusionstemperatur (T_1).

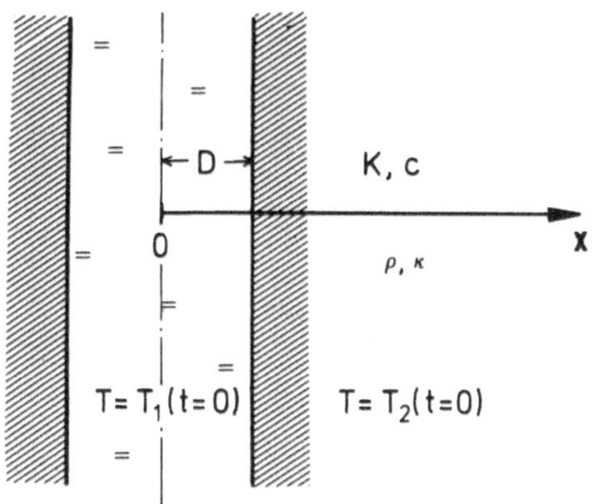

Abb. 3.5. Modell eines Eruptivganges

Die Wärmeflußdichte (Q), die durch den Abkühlungsvorgang bedingt ist, erreicht in x-Richtung den Wert:

$$Q(x,t) = |K \frac{\partial T}{\partial x}| = \frac{T_1 - T_2}{2} \sqrt{(K c \rho)/(\pi t)}$$

$$\cdot [\exp (-\frac{(D+x)^2}{4 \kappa t}) - \exp (-\frac{(D-x)^2}{4 \kappa t})] \qquad (3.10)$$

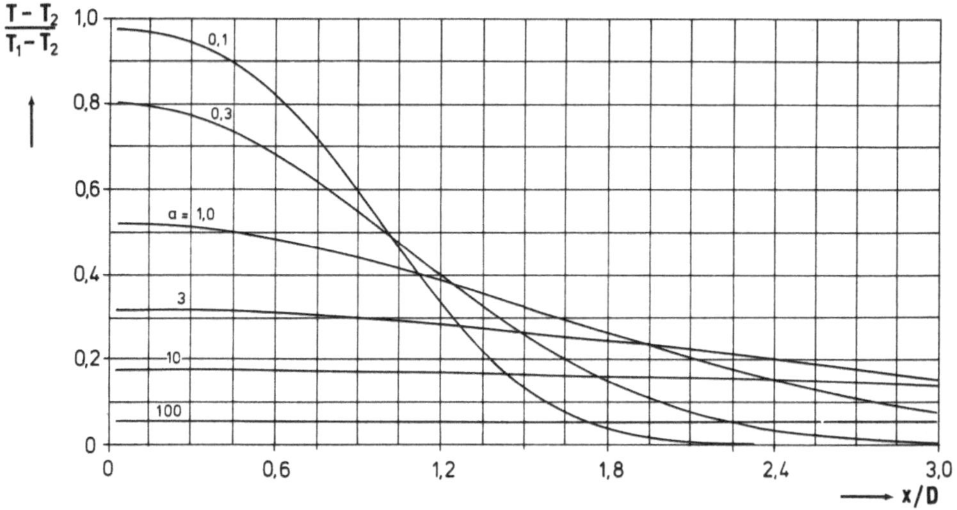

Abb. 3.6. Relativer Temperaturverlauf in einem Eruptivgang und im Nebengestein nach Gl.(3.9) und Abb.3.5, dargestellt gegen das Verhältnis x/D und mit dem Kurvenparameter a= κ t/D

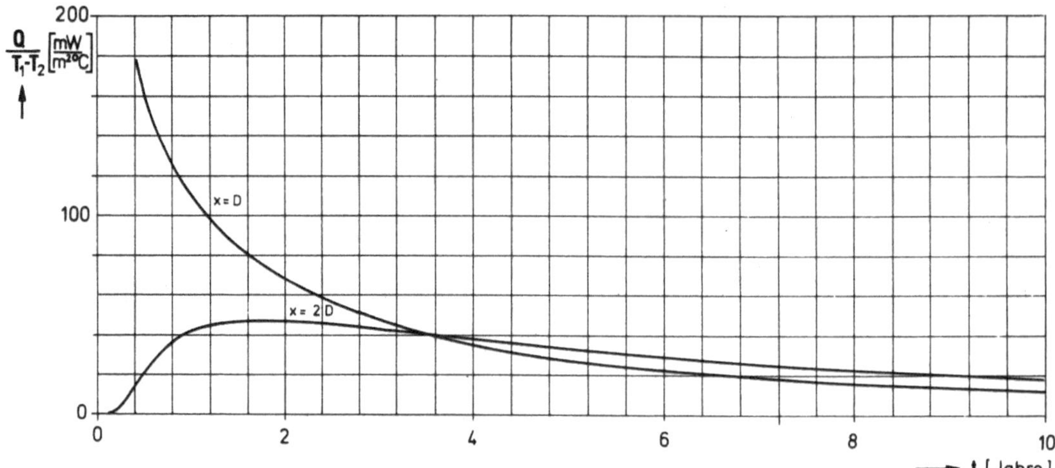

Abb. 3.7. Zeitlicher Verlauf der auf die Anfangstemperatur be-
zogenen Wärmeflußdichte nach Gl. (3.10) am Kontakt
(x = D) und im Abstand x = 2D. Dem Modell liegen eine
Mächtigkeit des Eruptivganges von 2D = 20 m und eine
Temperaturleitfähigkeit von $\kappa = 8 \cdot 10^{-7}$ m^2/s zugrunde

In Abb. 3.6 ist der relative Temperaturverlauf $\left(\dfrac{T(x,t) - T_2}{T_1 - T_2}\right)$
dargestellt gegen x/D mit dem Kurvenparameter
$a = \kappa t/D^2$. Die Abb. 3.7 zeigt den Verlauf der Wärmeflußdichte
nach Gl. (3.10) am Kontakt (x = D) und in der Entfernung x = 2 D,
wenn D = 10 m und $\kappa = 8 \cdot 10^{-7}$ m^2/s betragen.

3.2.2 *Abkühlung von kugelförmigen Intrusionen*

Ein momentan in die Erdkruste intrudiertes Magma, das einen kugelförmigen Raum ausfüllt, soll gleiche thermische Eigenschaften wie das Nebengestein besitzen. Nach Abb. 3.8 hat die Intrusion den Radius R und die Anfangstemperatur T_1 zur Zeit t = O.
Die Temperatur des Nebengesteins beträgt T = T_2 zur Zeit t = O.

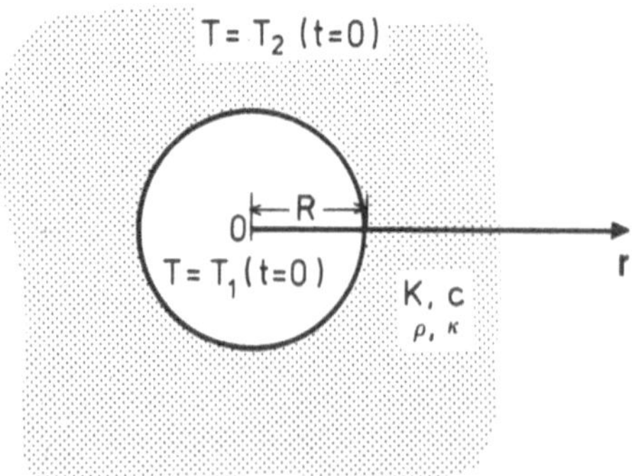

Abb. 3.8. Modell einer kugelförmigen Intrusion

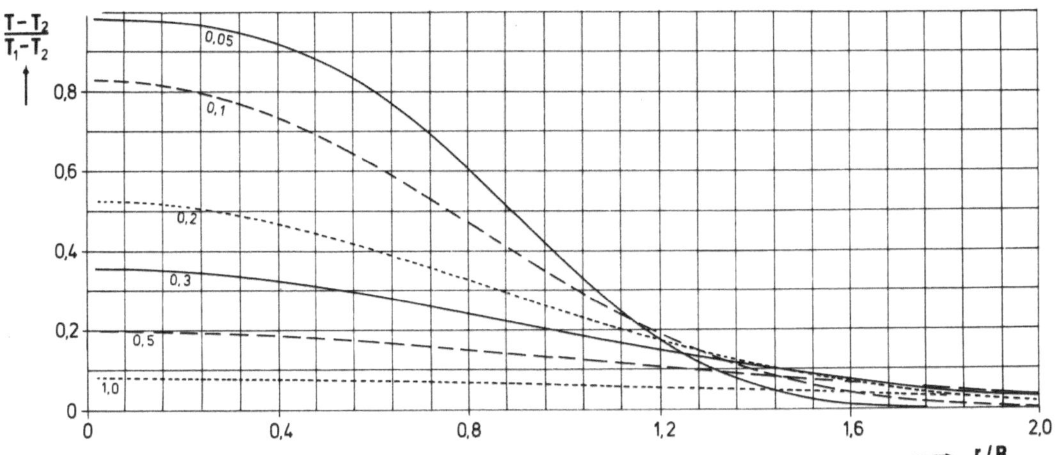

Abb. 3.9. Relativer Temperaturverlauf in einer kugelförmigen Intrusion und im Nebengestein in Abhängigkeit des Verhältnisses r/R. Der Kurvenparameter ist a = $\kappa t/R^2$

Der Temperaturverlauf im Abstand r vom Mittelpunkt wird während der Abkühlung beschrieben durch:

$$T(r,t) = T_2 + \frac{T_1-T_2}{2}\left[2\sqrt{\frac{t\kappa}{r^2\pi}}\left[\exp\left(-\frac{(R+r)^2}{4\kappa t}\right) - \exp\left(-\frac{(R-r)^2}{4\kappa t}\right)\right] + \Theta\left(\frac{R+r}{\sqrt{2\kappa t}}\right) + \Theta\left(\frac{R-r}{\sqrt{2\kappa t}}\right)\right] \qquad (3.11)$$

Die durch die Abkühlung bedingte Wärmeflußdichte (Q) beträgt im Abstand R nach der Zeit t:

$$Q(R,t) = \left|K\frac{\partial T}{\partial r}\right]_{r=R}\right| = \frac{K(T_1-T_2)R}{4\kappa t} - \frac{K(T_1-T_2)}{R^2}\sqrt{\frac{\kappa t}{\pi}}$$

$$\cdot\left\{\exp\left[-\frac{R^2}{\kappa t}\right]\left(1+\frac{R^2}{\kappa t}\right) - 1\right\} \qquad (3.12)$$

In Abb. 3.9 ist der Abkühlungsvorgang mit dem Parameter a = $\kappa t/R^2$ graphisch dargestellt.

Beispiel: Nach welcher Zeit ist die Temperatur im Innern einer Intrusion (R = 2,5 km, κ = 32 m²/Jahr) auf 10 % der Anfangstemperaturdifferenz ($T_1 - T_2$) abgesunken?

Aus Abb. 3.9 folgt: a = 0,9, d.h. t = $\frac{R^2 a}{\kappa}$ = $\frac{2,5^2 \cdot 10^6 \cdot 0,9}{32}$

$$\approx 1,8\cdot10^5 \text{ Jahre.}$$

3.2.3 Abkühlung von quaderförmigen Intrusionen

Das vielseitigste Modell von den einfachen Körpern ist der Quader mit den Kantenlängen 2A, 2B und 2C in x-, y- und z-Richtung (Abb. 3.10).

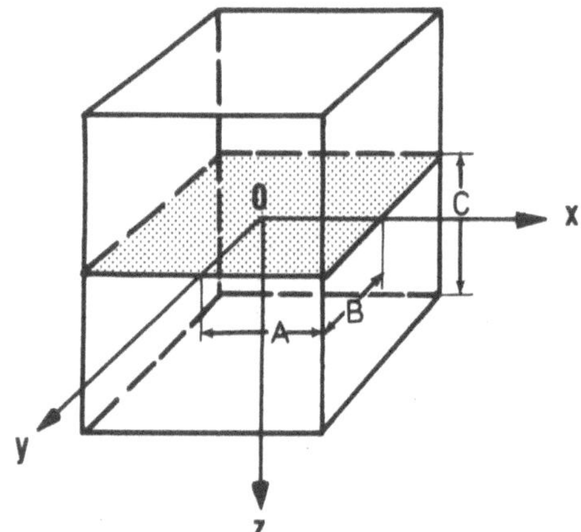

Abb. 3.10. Modell einer quaderförmigen Intrusion

Ein nicht kugelförmiger Pluton kann im allgemeinen mit einem Quader als Modellkörper beschrieben werden.

Die Temperaturverteilung wird erhalten, wenn der Quader als Schnittfigur dreier Platten (vgl. Abschn. 3.2.1) aufgefaßt wird.

$$T(x,y,z,t) = T_2 + (T_1-T_2)\left[\frac{1}{2}\left\{\Theta(\frac{A+x}{\sqrt{2\kappa t}}) + \Theta(\frac{A-x}{\sqrt{2\kappa t}})\right\}\right.$$

$$\left.\cdot\frac{1}{2}\left\{\Theta(\frac{B+y}{\sqrt{2\kappa t}}) + \Theta(\frac{B-y}{\sqrt{2\kappa t}})\right\}\cdot\frac{1}{2}\left\{\Theta(\frac{C+z}{\sqrt{2\kappa t}}) + \Theta(\frac{C-z}{\sqrt{2\kappa t}})\right\}\right] \qquad (3.13)$$

Darin sind T_2 die Temperatur des Nebengesteins und T_1 die Intrusionstemperatur zur Zeit $t = 0$. Die Wärmeflußdichte in z-Richtung ($Q(z,t)$) beträgt:

$$Q(z,t) = |K\frac{\partial T}{\partial z}| = \frac{T_1-T_2}{8}\sqrt{(K c \rho)/(\pi t)}\left\{\exp(-\frac{(C+z)^2}{4\kappa t}) - \exp(-\frac{(C-z)^2}{4\kappa t})\right\}$$

$$\left\{\Theta(\frac{A+x}{\sqrt{2\kappa t}}) - \Theta(\frac{A-x}{\sqrt{2\kappa t}})\right\}\left\{\Theta(\frac{B+y}{\sqrt{2\kappa t}}) + \Theta(\frac{B-y}{\sqrt{2\kappa t}})\right\} \qquad (3.14)$$

Eine graphische Darstellung der Lösung ist wegen der frei wählbaren Größen A, B und C wenig sinnvoll, so daß auf eine Rechnung für den jeweils betrachteten Spezialfall nicht verzichtet werden kann. Zur Maximalabschätzung kann jedoch der Temperaturverlauf im Eruptivgang betrachtet werden. Für den Quader ist dann die Temperatur T(x,y,z) niedriger als diejenige für den Gang (T(x,t)) und die Abkühlungszeit entsprechend kürzer.

Als Beispiele sind in Tabelle 3.1 die Abkühlungszeiten angegeben, die notwendig sind, um einen Intrusivkörper in seiner Mitte bis auf 10 % der ursprünglichen Temperaturdifferenz zum Nebengestein abzukühlen.

Tabelle 3.1. Abkühlungszeiten von Modellkörpern ($\kappa = 10^{-6}$ m^2/s)

Modell	Größe	Abkühlungszeit t [10^3 Jahre] bei T-T$_2$ = 0,1 (T$_1$-T$_2$)
Platte	D = 1 km	1000
Kugel	R = 1 km	30
Quader	A = 1 km	100
	B = C = 2 km	

Die bei den Modellbetrachtungen errechneten Temperaturen können nur Anhaltspunkte sein. Manche Größen, die die thermischen Vorgänge stark beeinflussen, können entweder gar nicht oder nur sehr unbefriedigend n die Rechnung einbezogen werden. Es sind nicht nur physikalische Größen, deren Veränderungen lokal wie auch zeitlich kaum berücksichtigt werden können (Anisotropie, Wärmeleitfähigkeit, spezifische Wärme, Intrusionstemperatur und Schmelzwärme), sondern auch geologische Phänomene, wie Magmennachschub, Einbruch des Daches der Magmenkammer und hydrothermale Vorgänge.

4. DER THERMISCHE ZUSTAND DES ERDINNERN

Das Alter der Erde wird nach radiometrischen Datierungen mit
etwa 4,6 Milliarden Jahre angenommen. Seit ihrer Entstehung hat
die Erde eine thermische Entwicklung vollzogen und einen thermischen Zustand erreicht, der mit direkten oder auch indirekten
Methoden zu erfassen versucht wird. Die Schwierigkeiten der Temperaturermittlung wachsen mit der Tiefe stark an, so daß es z.Z.
kaum möglich ist, beispielsweise eine mitteleuropäische Tempera-
turkarte für 10 km Krustentiefe zu erstellen. Die nicht exakt
lösbare Aufgabe, den derzeitigen thermischen Zustand der Erde
erfassen zu können, läßt die Schwierigkeiten erahnen, die thermische Entwicklung unseres Planeten seit seiner Entstehung erkennen zu wollen.

Der thermische Zustand des Erdinnern müßte als Zeit- und Orts-
funktion beschrieben werden. Jedoch ist eine solche Funktion
trotz aller Anstrengungen vorläufig nur für oberflächennahe Erdschichten und nur für den augenblicklichen Zeitpunkt, der Gegen-
wart relativ gut bekannt. Daher erscheint eine Gliederung sinnvoll, die detaillierteren Kenntnisse zur Wärmelehre der oberen
Erdkruste gesondert von den Kenntnissen des thermischen Zu-
stands im tieferen Erdinnern zu behandeln.

4.1 Der thermische Zustand der oberen Erdkruste

Eine in einem Bohrloch gemessene Temperatur gilt nur für den be-
treffenden Ort und für den Zeitpunkt der Messung. Der Meßwert
enthält zahlreiche Anteile von Einflüssen aus der Umgebung des
Meßpunktes. Es können Temperaturänderungen von der Oberfläche
her das Temperaturfeld in der Tiefe verändern, wie periodische
Schwankungen im Tages- oder Jahresrhythmus oder auch langfri-
stige Klimaänderungen. Das Temperaturfeld wird auch von der
Morphologie der Oberfläche her beeinflußt und vom geologischen
Aufbau des umgebenden Krustenbereiches. Einen sehr bedeutenden
Einfluß haben auch die Wasserbewegungen und die tektonischen
Vorgänge, die einen großen Teil Wärme durch Konvektion z.T. viel
schneller transportieren können,als es die rein konduktive Wärmeleitung im Gestein vermag. Mit allen genannten Einflußgrößen
und dem Anteil des Wärmeflusses aus dem oberen Erdmantel bzw.
aus der unteren Kruste stellt sich ein thermischer Zustand in
der Erdkruste ein, der das meßbare, zeitlich und örtlich variable Temperaturfeld ergibt.

4.1.1 *Der Einfluß von Klimaschwankungen auf die Oberflächentemperatur*

Die Sonnenenergie, die auf die Erdoberfläche trifft, ist wesentlich größer als die Energie, die über den Wärmefluß aus dem Erdinnern die Erde verläßt, und sie ist maßgebend für die Oberflächentemperatur der Erde. Die Bestrahlungsstärke, Solarkonstante genannt, hat einen Betrag von $Q_S = 1,36$ kW/m^2 und gilt bei mittlerer Erde-Sonne-Entfernung, bei Nichtvorhandensein der Erdatmosphäre und senkrecht zur Sonnenstrahlung. Die Solarkonstante läßt sich nur auf einige Prozent genau angeben, weil das gesamte Energiespektrum kaum exakt erfaßbar ist und weil sie vermutlich auch von der Sonnenaktivität abhängig ist.

Die Energieanteile verteilen sich im Spektrum wie folgt [4.45]:

sichtbares Licht	(Wellenlänge 0,4 - 0,8 μm)	49 %
infrarotes Licht	(Wellenlänge >0,8 μm)	42 %
ultraviolettes Licht	(Wellenlänge <0,4 μm)	9 %

Die gesamte einfallende Strahlungsenergie (q_E) beträgt bei einem kreisförmigen Wirkungsquerschnitt mit dem Erdradius r

$$q_E = \pi \, r^2 \, Q_S. \qquad (4.1)$$

Von dieser einfallenden Energie werden A = 30 %, die Albedo der Erde genannt, wieder in den Weltraum reflektiert. Die spektrale Zusammensetzung der zurückgestrahlten Energie ist von der einfallenden verschieden, weil die Albedo im sichtbaren Bereich größer ist als im infraroten.

Im Falle eines Strahlungsgleichgewichtes zwischen der eingestrahlten und der abgestrahlten Energie stellt sich an der Erdoberfläche eine Gleichgewichtstemperatur ein. Da aber die abstrahlende Fläche die gesamte Kugeloberfläche ist, beträgt die abgestrahlte Energie (q_A) nach dem STEPHAN-BOLTZMANNschen Gesetz

$$q_A = 4 \pi \, r^2 \, \sigma \, T^4 \qquad (4.2)$$

mit der STEPHAN-BOLTZMANNschen Konstante

$$\sigma = 5,78 \cdot 10^{-8} \text{ W/(m}^2 \text{ }^\circ\text{K}^4).$$

Als Gleichgewichtstemperatur (T) an der Erdoberfläche ergibt sich somit

$$T = \left[(1-A/100) \, Q_S \, / (4\sigma) \right]^{1/4} = 253^\circ \text{ K} = -20^\circ \text{ C}.$$

Der beobachtete globale Mittelwert ist mit $T = +14^\circ$ C bedeutend höher. Die Spektralverschiebung der kurzwelligen Sonnenenergie zur langwelligen Wärmestrahlung der Erde ist der Grund für den Unterschied. Die mehratomigen Moleküle in der Atmosphäre, vor allem Wassermoleküle, absorbieren die langwellige Strahlung und reflektieren sie wieder zur Erde, so daß nicht die primäre Sonnenstrahlung die lebensfreundliche Oberflächentemperatur auf der Erde schafft, sondern es sind die sekundären Effekte.

4.1.1.1 *Der Tages- und Jahresgang der Oberflächentemperatur*

Die Oberflächentemperatur unterliegt Variationen, die im Zusammenhang mit der Bewegung der Erde stehen. So gibt es kurzperiodische Temperaturschwankungen im Tagesrhythmus, längerperiodische im Jahresrhythmus und weitere mit noch längeren Perioden Die sich periodisch ändernden Temperaturen dringen ganz unterschiedlich tief in den Erdboden ein. Zur Berechnung der Eindringtiefe wird von der Wärmeleitungsgleichung (vgl. Abschn. 1.3) ausgegangen, die mit den Grenzbedingungen $T(z,0) = 0$ und $T(0,t) = T_O\ e^{i\omega t}$ gelöst wird.

Die sich periodisch mit der Kreisfrequenz ω und der Amplitude T_O von der Oberfläche $(z = 0)$ her ausbreitende Variation der Temperatur dringt in den Erdboden mit der Temperaturleitfähigkeit κ ein und verursacht in der Tiefe z eine zeitabhängige Störung $T(z,t)$.

Die analytische Lösung ist mit Hilfe der LAPLACE-Transformation zu finden [z.B. 4.69] und ergibt sich zu

$$T(z,t) = 0,5\ T_O\ \exp(i\omega t)\left\{\exp(z\sqrt{i\omega/\kappa})\ [1-\Theta(z/\sqrt{2\kappa t}+\sqrt{2i\omega t})]\right.$$
$$\left. +\ \exp(-z\sqrt{i\omega/\kappa})\ [1-\Theta(z/\sqrt{2\kappa t}-\sqrt{2i\omega t})]\right\}. \tag{4.3}$$

Dieser Ausdruck vereinfacht sich wesentlich, wenn die Temperaturvariation erst nach sehr großer Zeit betrachtet wird, also nach Beendigung des "Einschwingvorganges". Es gilt dann:

$$T(z,t) = T_O\ \exp(-z\sqrt{\tfrac{\omega}{2\kappa}})\ \cos(\omega t - z\sqrt{\tfrac{\omega}{2\kappa}}). \tag{4.4}$$

Der maximal mögliche Temperatureinfluß von der Oberfläche her nimmt also bei einer periodischen Anregung exponentiell mit der Tiefe ab und beträgt

$$T_{max}(z) = \pm T_O\ \exp(-z\sqrt{\tfrac{\omega}{2\kappa}}). \tag{4.5}$$

Als Eindringtiefe (z^*) ist jene Tiefe definiert, in der die Temperatur $T_{max}(z)$ nur noch den T_O/e-ten Teil erreicht, d.h.

$$z^* = 1\Big/\sqrt{\tfrac{\omega}{2\kappa}}. \tag{4.6}$$

Die Temperaturamplitude T_O hängt sehr stark von meteorologischen Faktoren und von der geographischen Lage ab, dabei unterliegt der Tagesgang weit mehr Störungseinflüssen als der Jahresgang.

Um die angegebene Eindringtiefe (z*) richtig messen zu können,
sollte eine mehrtägige gleichbleibende Wetterlage vorausgegan-
gen sein. Es muß nämlich nicht nur der "Einschwingeffekt" abgeklungen sein, sondern die Feuchtigkeit des Erdbodens muß auch
einen ausgeglichenen Zustand erreicht haben, weil sie die Temperaturleitfähigkeit (κ) des lockeren Bodens wesentlich beeinflußt.

In Abb. 4.1 ist für den Temperaturtagesgang das Verhältnis
$T(z,t)/T_0$ dargestellt gegen die Tiefe z mit der Zeit t als
Parameter. Danach beträgt die Eindringtiefe der Temperaturta-
geswelle $z^* = 10,5$ cm bei der benutzten Temperaturleitfähigkeit
$\kappa = 4 \cdot 10^{-7}$ m^2/s. Die Einhüllende der Tautochronen entspricht
den maximalen Werten nach Gleichung (4.5).

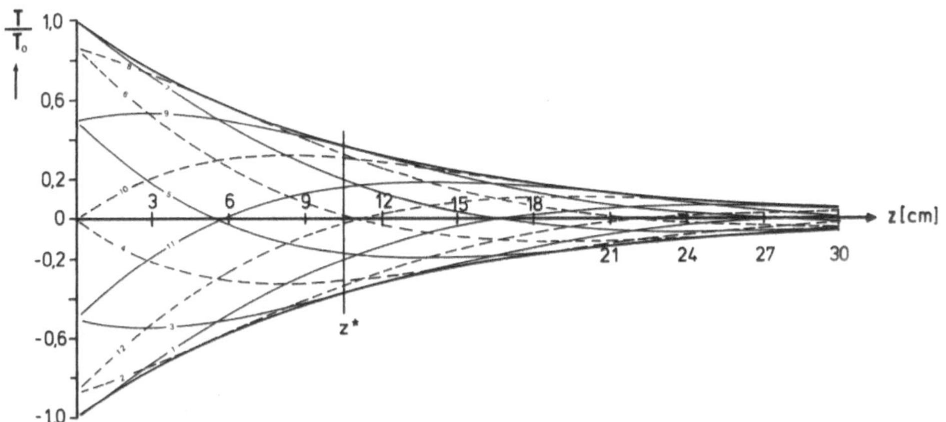

Abb. 4.1. Das Eindringen einer sinusförmigen Temperaturtages-
welle (T/T_0) in den Erdboden mit der Zeit als Parameter. Die Uhrzeit ergibt sich bei Multiplikation
des Parameters mit dem Faktor 2

Die Temperaturamplitude der Jahreswelle beträgt $T_0 \approx 8$ bis 9° C
in Mitteleuropa. Sie ist etwas geringer an Meeresküsten und etwas größer in küstenfernen Gebieten. Die Jahresmitteltemperatur an der Erdoberfläche ($\bar{T}$) liegt ungefähr zwischen 8 und
11° C in der Bundesrepublik Deutschland. Die Jahresschwankung
der Temperatur hat ihrer längeren Periode wegen eine größere
Eindringtiefe.

In Abb. 4.2 ist das Temperaturverhältnis $T(z,t)/T_0$ gegen die
Tiefe z dargestellt, wobei eine Temperaturleitfähigkeit
$\kappa = 7 \cdot 10^{-7}$ m^2/s angenommen wird. Die Zeit t (Monat) ist der
Parameter in der Darstellung. Die Eindringtiefe beträgt
$z^* = 2,7$ m und die Einhüllende beschreibt die maximalen Amplituden nach Gleichung (4.5).

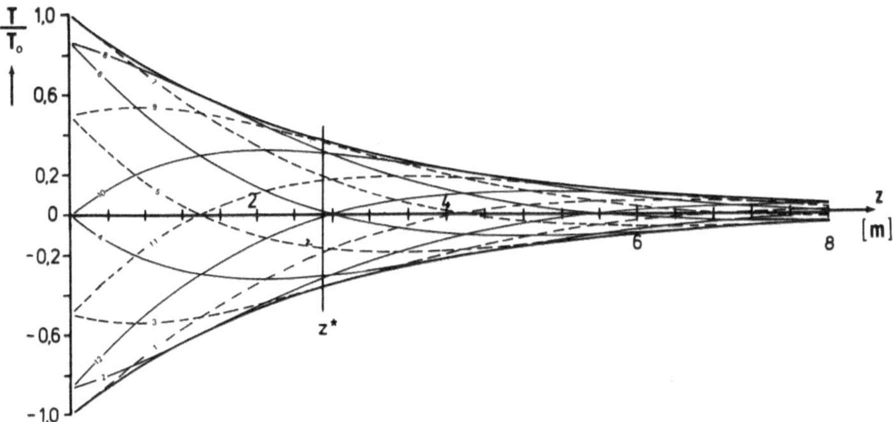

<u>Abb. 4.2.</u> Das Eindringen einer sinusförmigen Temperaturjahres-
welle (T/T_o) in den Untergrund mit der Zeit (Monat)
als Parameter

Die Temperaturwelle wirkt sich jedoch noch in weit größeren
Tiefen aus. So beträgt ihr Einfluß in z = 30 m Tiefe noch etwa
$T = 10^{-3}\,^{\circ}C$. Bei einer Temperaturmessung im Bohrloch muß daher
noch für größere Tiefen als bis zur Eindringtiefe z^* der Einfluß des Temperaturjahresganges berücksichtigt werden.

4.1.1.2 Langfristige Temperaturschwankungen

Die Oberflächentemperatur der Erde hat sich im Verlauf ihrer
geologischen Geschichte mehrfach verändert. Jedoch lassen sich
eindeutige extrem langperiodische Schwankungen nicht mit Si-
cherheit feststellen, wenngleich der zeitliche Abstand zwischen
den Vereisungen im Präkambrium während des Übergangs vom Kar-
bon zum Perm und im Quartär mit einigen hundert Millionen Jahren etwa gleich groß ist.

Langperiodische Schwankungen lassen sich eindeutig erst bei
viel kürzeren Perioden feststellen, die etwa das 3- bis 4-fache
des 11-jährigen Sonnenfleckenzyklus betragen. Die Temperatur-
amplituden einer solchen Variation sind allerdings sehr klein
und können das Temperaturfeld im Untergrund nur unwesentlich
beeinflussen. Während sich Temperaturvariationen solcher Perioden von 30- bis 50-jähriger Dauer noch aus Messungen herleiten
lassen, müssen für längerperiodische Änderungen Temperatur-
zeugen gefunden werden. Als Indikatoren für Temperaturen spielen die fossile Fauna und Flora eine bedeutende Rolle, aber
auch lithogenetische Beobachtungen wie beispielsweise Untersuchungen an Sedimentationszyklen. Das Verhältnis der Sauerstoff-
isotope O^{18} zu O^{16} im Kalk ($CaCO_3$) ist von der Bildungstemperatur abhängig und damit ebenfalls als Paläothermometer geeignet.

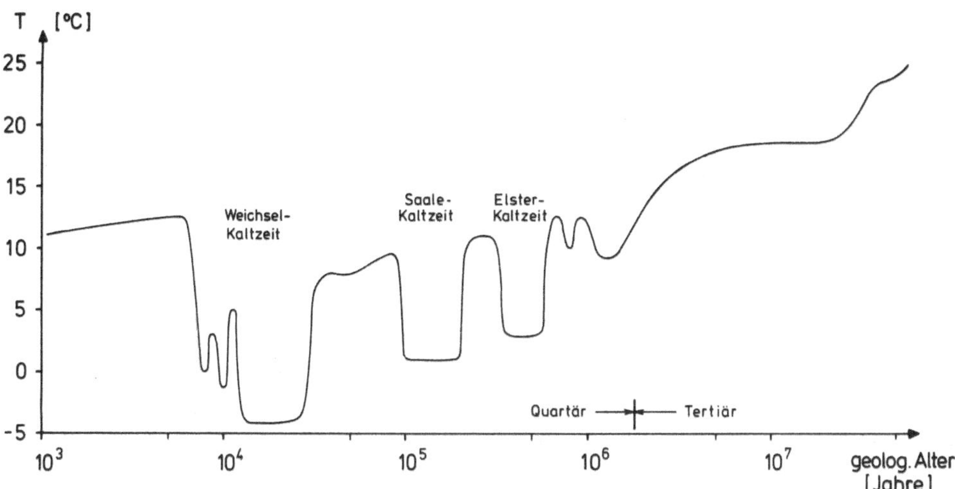

Abb. 4.3. Verlauf der Oberflächentemperatur seit dem Tertiär nach [4.20, 4.39, 4.60]

Mit einiger Zuverlässigkeit lassen sich die Jahrestemperaturen seit Beginn des Tertiärs für den westeuropäischen Raum herleiten. Vom Paläozän an läßt sich eine kontinuierliche Abnahme der Jahresmitteltemperatur feststellen. Die stetige Klimaverschlechterung im Tertiär ist weltweit nachgewiesen [4.57]. Als Maß der Temperaturabnahme wird ein botanisches Kriterium genommen: Die Baumflora hängt nämlich in ihrer Zusammensetzung wesentlich von der Jahresmitteltemperatur und der Amplitude der jährlichen Schwankung ab. Da die tertiäre Flora etwa der heutigen entspricht, kann die rezente Flora zur Eichung des Paläothermometers dienen. Die Temperaturempfindlichkeit ist bei der Zusammensetzung der Laubbäume besonders groß; und zwar wird häufig das Verhältnis der ganzrandigen Blätter (z.B. Weide) zur Gesamtblattzahl von Holzgewächsen (wie Weide, Linde, Haselnuß usw.) als Indikator der Temperatur benutzt. Der Anteil ganzrandiger Blätter läßt für das Paläozän (vor ca. 55 Millionen Jahren) auf eine Jahresmitteltemperatur von 25° C in Westeuropa schließen, die stetig bis ins Pliozän hinein auf 10 - 15° C absank [4.20].

Mit Beginn des Quartärs nahm die Temperatur stark ab und erreichte in den Kaltzeiten der quartären Vereisungen Minima, zwischen denen wiederum Perioden mit Warmzeiten lagen. Obwohl für das Quartär z.T. lückenlose Untersuchungen der Pflanzengemeinschaften für einzelne Gebiete vorliegen [z.B. 4.23], ist eine verallgemeinerte Aussage zum Verlauf der Jahresmitteltemperatur kaum möglich. In Abb. 4.3 ist der wahrscheinliche Temperaturverlauf an der Erdoberfläche seit dem Alttertiär in logarithmischer Zeiteinteilung dargestellt. Daneben könnten die eiszeitlichen Temperaturschwankungen in grober Näherung als quasiperiodisch angenommen werden, jedoch unterliegt die mittlere Temperatur noch einer längerfristigen Temperaturabnahme,

die seit dem Alttertiär anhält. Es läßt sich z.Z. nicht nach-
weisen, ob dieser Trend ein zeitlicher Ausschnitt einer Tempe-
raturschwankung mit einer Periode von einigen hundert Millionen Jahren ist oder nicht.

4.1.2 *Der topographische Einfluß auf das Temperaturfeld im Untergrund*

Bei einer ebenen Erdoberfläche und einem homogenen Untergrund
verlaufen die Isothermen im Untergrund parallel zur Oberfläche.
Es tritt kein Horizontalgradient der Temperatur auf. Berge und
Täler verursachen jedoch ihrer Morphologie wegen eine Verän-
derung des Temperaturfeldes. Die Isothermen verlaufen in diesem Fall nicht parallel zur Erdoberfläche, sondern weichen je
nach der Topographie von ihrer Parallelität ab. Es tritt damit
auch ein horizontaler Temperaturgradient auf.

Die Abweichungen sind derart, daß der Temperaturgradient unter
einem Berg kleiner ist als unter der ebenen Oberfläche, und
unter einem Tal ist er größer als unter der ebenen Umgebung.
Der topographische Einfluß läßt sich mathematisch mit der
LAPLACE'schen Differentialgleichung erfassen; und wenn die radiogene Wärmeproduktion nicht vernachlässigbar ist, dient die
POISSON'sche Gleichung zur Beschreibung des Isothermenver-
laufs. Für die mindestens zweidimensional zu lösende Aufgabe
gibt es verschiedene Näherungsverfahren zur analytischen Lösung [z.B. 4.4, 4.8, 4.38, 4.41, 4.42], die mit Rechenautoma-
ten durch die leichtere Lösbarkeit der Differentialgleichungen
mit numerischen Methoden [z.B. 4.27] ersetzt werden kann.

Bei Erhebungen über Meeresniveau hinaus spielt auch noch die
Abnahme der Lufttemperatur mit der Höhe eine Rolle, die die
Bodentemperatur entsprechend der Höhe ($z < 0$) über Meeresniveau vermindert. Dieser Temperaturgradient $[(dT/dz)_B]$ liegt in
den Alpen bei $(dT/dz)_B = 4{,}5^{\circ}$ C/km. Zur Berechnung des ungestörten Temperaturgradienten, also des Gradienten, der bei glei-
chem Wärmefluß unterhalb einer ebenen Oberfläche vorherrschend
wäre, wird im nachfolgenden von stationären Bedingungen ausgegangen, d.h. die Gebirgsbildung mit der derzeitigen Topographie besteht seit langer Zeit unverändert. Die stationäre Betrachtung wird umso genauer, je tiefer der zu korrigierende
Punkt unter der Oberfläche liegt.

Die Korrektur [4.8, 4.38] wird in zwei Schritten vollzogen. Zu-
nächst wird die Wirkung des zu korrigierenden Geländes auf eine
Bezugsebene so projeziert, daß die Temperaturverteilung auf der
Ebene der Wirkung der darüberliegenden Massen äquivalent ist.
Das Näherungsverfahren besteht nun darin, daß der gemessene,
unkorrigierte Temperaturgradient (dT/dz) benutzt wird, um die
Abweichungen der Temperaturverteilung T_B auf der Bezugsebene zu
berechnen nach der Gleichung

$$T_B = h\,[dT/dz - (dT/dz)_B] \qquad (4.7)$$

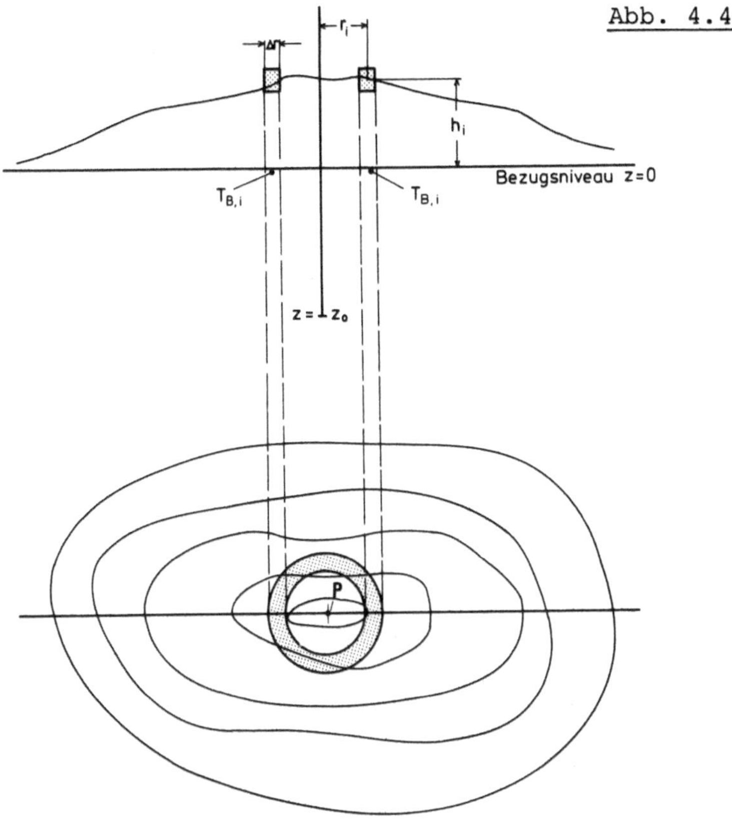

Abb. 4.4. Modell der topographischen Korrektur nach [4.8, 4.38]

Diese Temperaturen T_B auf der Ebene werden als Mittelwerte in konzentrischen Ringen um den Aufpunkt P herum ermittelt, indem eine jeweils mittlere Höhe h aus einer topographischen Karte ermittelt wird (s. Abb. 4.4).

Aus der vorgegebenen Temperaturverteilung wird nun im zweiten Teil das POISSON'sche Integral der Potentialtheorie für den Spezialfall errechnet, daß derjenige Temperaturgradient $(dT/dz)_K$ im Punkt P des Halbraums gesucht wird, der die LAPLACE'sche Gleichung mit der Randfunktion $T_B(r)$ befriedigt:

$$(dT/dz)_K = \int_0^\infty \left(1 - 2\,\frac{z_o^2}{r^2}\right) \Big/ \left\{1 + \frac{z_o^2}{r^2}\right\}^{5/2}\,\frac{T_B(r)}{r^2}\,dr \,. \qquad (4.8)$$

Das Integral wird entsprechend Abb. 4.4 numerisch gelöst:

$$(dT/dz)_K \approx \sum_{i=1}^{n} \left(1-2\frac{z_o^2}{r_i^2}\right) \bigg/ \left(1+\frac{z_o^2}{r_i^2}\right)^{5/2} \frac{T_{B,i}}{r_i^2} \, \Delta r_i$$

$$= \sum_{i=1}^{n} \left(1-2\frac{z_o^2}{r_i^2}\right) \bigg/ \left(1+\frac{z_o^2}{r_i^2}\right)^{5/2} \frac{h_i \, \Delta r_i}{r_i^2} \left[dT/dz - (dT/dz)_B\right] \qquad (4.9)$$

Der korrigierte Temperaturgradient $(dT/dz)_o$ im Punkt P ergibt sich somit zu

$$(dT/dz)_o = dT/dz - (dT/dz)_K \qquad (4.10)$$

Nach der gleichen Methode kann auch die Korrektur unterhalb einer Talsohle ermittelt werden, indem mit $h < 0$ gerechnet wird. Bei stark ausgeprägter Morphologie kann diese Näherung große Fehler enthalten [4.22].

Es kann der Einfluß von Aufwölbung und Erosion in geologischen Zeitabschnitten auf die Korrektur des Temperaturgradienten errechnet werden [4.4]; da aber weder die Hebungs- noch die Erosionsrate genau genug bekannt sind und außerdem beide innerhalb geologischer Zeiten nicht konstant sind, wird auf diese Korrektur hier verzichtet. Andere Effekte, die nicht berücksichtigt werden, sind lokale Variationen der Wärmeleitfähigkeit, ihre Anisotropie, säkulare Klimaschwankungen, die radiogene Wärmeproduktion und Wasserbewegungen im Untergrund. Anhand mehrerer Beispiele für Bereiche der Zentralalpen wird die Korrektur verschiedener Einflüsse auf die Temperaturen in Bohrlöchern und Tunneln ausführlich behandelt [4.5].

4.1.3 Veränderungen des Temperaturfeldes durch Wasserbewegungen

Eine Temperaturstörung breitet sich durch reine Wärmeleitung im Untergrund viel langsamer aus als durch den Beitrag eines konvektiven Wärmetransports mit einer migrierenden fluiden Phase. Wasserbewegungen führen meist zu lokalen Störungen des geothermischen Feldes. Regionale Störungen sind schlecht nachweisbar, weil häufig der Anteil aus dem tieferen Erdinnern nicht bekannt ist. Großräumige Störungen des geothermischen Feldes können beispielsweise in Sedimentbecken beobachtet werden.

Zwei Typen von Wasserbewegungen sind ihrer Auswirkung wegen unterscheidbar; und zwar einmal das Eindringen meteorischen Wassers von der Oberfläche her in den Untergrund, das beim Versickern aufgewärmt wird und damit die Untergrund-Temperaturen verringert. Zum anderen erwärmen hydrothermale Wässer aus tieferen Schichten der Erdkruste bei ihrem Aufstieg die durchwanderten Gesteine und kühlen selbst ab. Meistens ist der zweite Fall der lokale, während im ersten der Einfluß eher regionaler Natur ist.

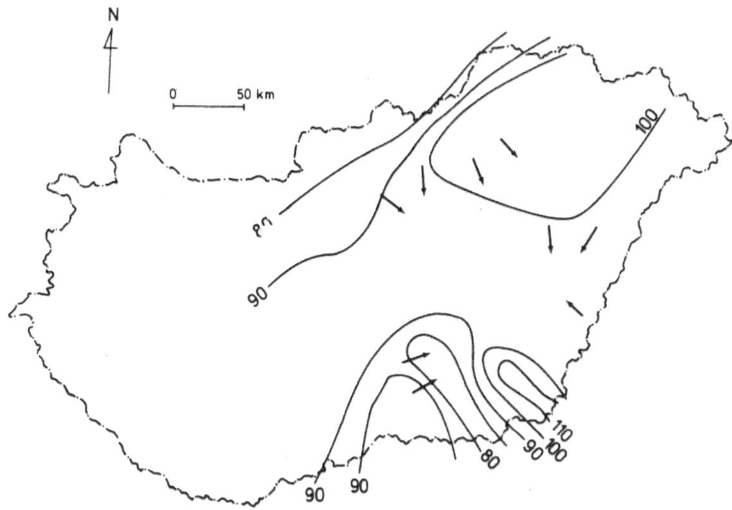

<u>Abb. 4.5.</u> Migration von Porenwässern (⟶) in der großen Tief-
ebene Ungarns nach [4.68] und Linien gleicher Wärmeflußdichte [mW/m²] nach [4.34]

Ein Beispiel eines Sedimentbeckens mit großräumigem Fließsystem ist das Pannonische Becken (Abb. 4.5). Am Rande der Aus-
läufer der Karpaten dringen die Oberflächenwässer in die per-
meablen Sedimentgesteine ein und migrieren innerhalb der Sedi-
mentschichten in das zentralere Becken, von wo sie als Thermalquellen wieder an die Oberfläche gelangen und so an Aufstiegswegen zu positiven und in Versickerungszonen zu negativen Abweichungen im Temperaturfeld der oberen Kruste führen [4.68].
Fließsysteme, verbunden mit positiven und negativen thermischen
Anomalien im kleineren Maßstab,werden auch in der Niederrheinischen Bucht beobachtet [4.2].

Thermalquellen sind dagegen viel eher als thermische Anomalien
zu erkennen und werden seit alters her genutzt. Das von ihnen
erzeugte Temperaturfeld ist zwar im Einzelfall auch nur lokal
wirksam, jedoch können die einzelnen Quellen ein sichtbarer
Indikator einer größeren, tiefliegenden Wärmequelle sein. Im
tektonisch sehr stark beanspruchten Rheingraben können Tiefen-
wässer auch ein großflächig wirksames Aufstiegssystem bilden
[4.12, 4.72, 4.74], das die thermische Anomalie bei Landau/
Pfalz zu erklären vermag. Abb. 4.6 zeigt deutlich, daß im Gebiet Landau lokal hohe Temperaturanomalien in der Umgebung von
Bruchzonen festgestellt werden können. Ein einfaches Modell
soll aufzeigen, auf welche Weise solche thermischen Anomalien
entstehen können und welche Größenordnungen die entsprechenden
physikalischen Parameter haben müssen.

Bei einem Konvektionsmodell [4.12] wird angenommen, daß lokale
Wärmequellen im tieferen Untergrund zu temperaturbedingten ho-

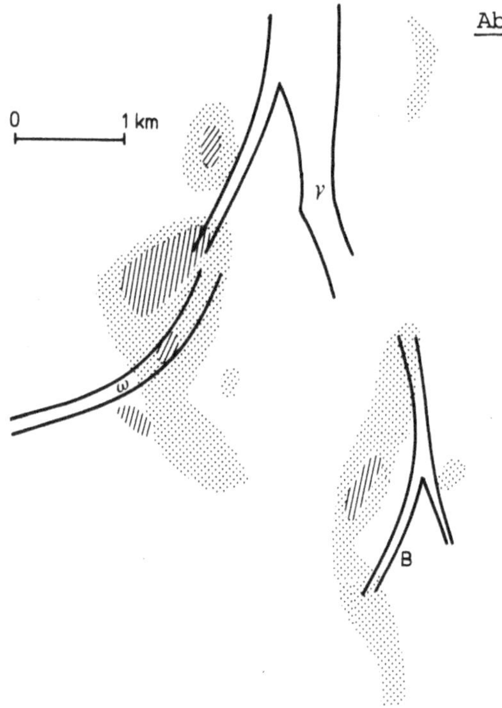

Abb. 4.6. Temperaturanomalie bei Landau/Pfalz mit erhöhten und maximalen Werten sowie die Lage von Bruchzonen nach DOEBL in [4.12]

rizontal-radialen Dichtegradienten führen und damit zu hydrostatischen Druckgradienten im kommunizierenden Porenwasser. Bei hinreichender Permeabilität des Hangenden kann so eine Konvektion zustande kommen, wobei Wasser aus einem weiten Einzugsgebiet nach lokaler Aufheizung in einem relativ eng begrenzten "Schlot" aufsteigen kann. Die wesentliche Einflußgröße bei einem solchen Vorgang ist die vertikale Permeabilität im Aufstiegsgebiet.

Mit Hilfe der DARCY-Gleichung und der Größe der anomalen Wärmestromdichte kann die notwendige Permeabilität errechnet werden. Dabei wird vorausgesetzt, daß der Strömungswiderstand für den lateralen Zufluß klein ist gegen den für den lokalen Aufstieg. Es gilt dann für die Filtergeschwindigkeit v_f:

$$v_f = \frac{\zeta}{\eta}\ \frac{\Delta p}{h} \qquad\qquad (4.11)$$

mit der Permeabilität ζ, der Zähigkeit η, der Druckdifferenz Δp und der vertikalen Aufstiegshöhe h. Die durch die migrierende Flüssigkeit hervorgerufene Wärmeflußdichte Q_w beträgt:

$$Q_w = \rho\ \sigma\ v_f\ \Delta \bar{T} = \frac{\rho\,\sigma}{\eta}\ \zeta\ \frac{\Delta p}{h}\ \Delta \bar{T}. \qquad\qquad (4.12)$$

Darin sind ρ die Dichte des Wassers, σ die spezifische Wärme und ΔT die mittlere Temperaturdifferenz zur Umgebung. Die Was-

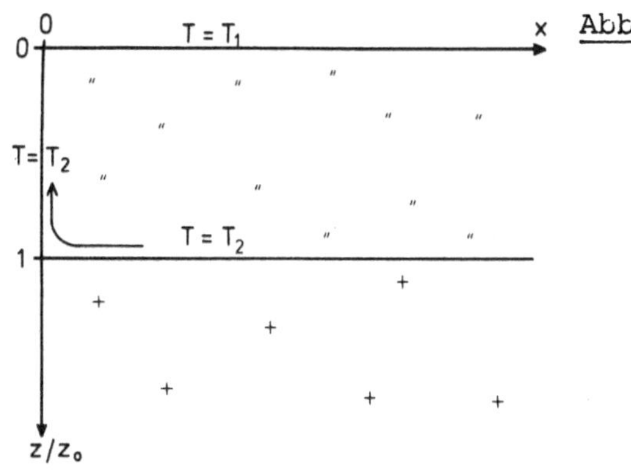

Abb. 4.7. Modell zur Abschätzung
der Temperaturverteilung
in der Nähe einer Bruch-
zone beim Aufstieg von
Thermalwasser nach [4.76]

serparameter werden für Normalbedingungen angesetzt und ergeben daher eine Näherung zur ungünstigeren Seite.

Für Landau kann in den Gebieten mit maximaler Anomalie ein um
50° C/km höherer Temperaturgradient angenommen werden als in
der weiteren Umgebung. Die Landauer Anomalie führt bis zu einer
Tiefe von h = 2000 m zu einer im Mittel um $\Delta T = 50^\circ$ C heißeren
Wassersäule gegenüber der Umgebung. Dieser Temperaturunter-
schied bewirkt eine Dichtedifferenz $\Delta\rho = 0,01$ g/cm^3, so daß ein
Druckunterschied Δp von $\Delta p = \Delta\rho$ g h $= 2\cdot10^5$ N/m^2 entsteht.

Zur Erklärung einer Anomalie von 60 mW/m^2 ist eine mittlere
Permeabilität von $\zeta = 3\cdot10^{-15}$ m$^2 \approx 3$ Millidarcy über den Teu-
fenbereich erforderlich. Solche Permeabilitäten kommen inter-
granular auch noch in 2000 m Tiefe vor; bei Klüftigkeit ist
diese Permeabilität sicherlich erreicht.

Ein einfaches Modell zur Abschätzung der Temperaturverteilung
in der Nähe einer Bruchzone, in der Wasser aus der Tiefe z_0 mit
der Temperatur T(x,o) = T_2 aufsteigt, zeigt Abb. 4.7.

Das Modell ist für eine geringe Schichtmächtigkeit z_0 anwendbar,bei der das aufsteigende Wasser nur wenig abgekühlt das
Niveau z = 0 mit der Temperatur T(x,o) = T_1 erreicht.

Die LAPLACE'sche Gleichung

$$\frac{\partial^2\hat{T}}{\partial\hat{x}^2} + \frac{\partial^2\hat{T}}{\partial\hat{z}^2} = 0 \tag{4.13}$$

ergibt mit den Randwerten

$$\hat{T}(0,\hat{z}) = 1$$
$$\hat{T}(\hat{x},0) = 0$$
$$\hat{T}(\hat{x},1) = 1$$

die Lösung [4.76]:

48

$$\hat{T}(\hat{x},\hat{z}) = \hat{z} + \frac{2}{\pi}\left[\arctan\left\{\frac{\sin(\pi\hat{z})}{\sinh(\pi\hat{x})}\right\} - \arctan\left\{\frac{\sin(\pi\hat{z})}{\exp(\pi\hat{x})+\cos(\pi\hat{z})}\right\}\right] \quad (4.14)$$

mit
$$\hat{T}(\hat{x},\hat{z}) = \frac{T(x,z)-T_1}{T_2} \quad \text{und} \quad \hat{z} = \frac{z}{z_o} \quad \text{sowie} \quad \hat{x} = \frac{x}{x_o}.$$

Aus Gl. (4.14) ergibt sich der vertikale Temperaturgradient

$$\frac{\partial\hat{T}}{\partial\hat{z}} = 1 + \frac{2\sinh(\pi\hat{x}) - \cos(\pi\hat{z})}{\sinh^2(\pi\hat{x}) + \sin^2(\pi\hat{z})} - \frac{2\exp(\pi\hat{x})\cos(\pi\hat{z}) + 2}{[\exp(\pi\hat{x}) + \cos(\pi\hat{z})]^2 + \sin^2(\pi\hat{z})} \quad (4.15)$$

Diesen Abschätzungen der maximal möglichen Störungen liegen
stationäre Modelle zugrunde, die nur auf einen eng begrenzten
Krustenbereich anwendbar sind. Zeitabhängige Modelle erfordern
einen weit größeren mathematischen Aufwand, der allerdings für
größere Krustenbereiche auch nicht befriedigend sein kann, weil
die Wasseraufstiegswege in der Regel völlig unbekannt sind oder
kaum mit stets einfach konzipierten Modellen exakt erfaßt werden können. Es kann daher auch eine zeitabhängige Betrachtung
nur von lokaler und problemspezifischer Bedeutung sein.

Bei der Ausbreitung von Warmwasser, das - beispielsweise als
Industrieabwasser in eine Bohrung injiziert - das Grundwasser
und den Grundwasserleiter erwärmt, muß die Lösung der folgenden Differentialgleichung gefunden werden:

$$\frac{\partial T}{\partial t} = -\frac{c_w \rho_w}{c\rho} v_f \nabla T + (D_o + \kappa)\Delta T. \quad (4.16)$$

Die Temperatur T in Abhängigkeit von der Zeit t wird beschrieben mit c_w, c den spezifischen Wärmen von Wasser bzw. des Ge-
samtsystems, ρ_w und ρ den Dichten, v_f der Filtergeschwindigkeit, D_o der Diffusionskonstante und κ der Temperaturleitfähigkeit. Der betrachtete 3-Schichten-Fall [4.73] ist analytisch
kaum lösbar. Zur numerischen Lösung wird die Differentialgleichung durch eine Differenzengleichung ersetzt und kann nach
verschiedenen Methoden [z.B. 4.64] gelöst werden. Die in diesem Beispiel [4.73] angegebenen Größen sind: die Temperatur
des injizierten Wassers T = 45° C und sein Fluß v = 6,7 m^3/Tag.
Die Filtergeschwindigkeit des Grundwassers beträgt
v_f = 0,23 cm/Tag und das Verhältnis $\frac{c_w \rho_w}{c\rho}$ = 0,9. Die lehmige
Deckschicht ist Δz = 0,9 m mächtig und die permeable Sand-
schicht über dem tonigen Halbraum Δz = 2,7 m. Die Parameter
$(D_o + \kappa)$ für die jeweiligen Schichten sind mit 15,20 bzw.
10 m^2/Tag angenommen. Das theoretische Modell und das Experiment zeigen nach 64 Tagen, daß in einer Entfernung von etwa
7 m von der Injektionsbohrung die Temperatur bereits auf den
1/e-ten Teil (ca. 36,8 %) abgesunken ist.

4.1.4 *Das Temperaturfeld in verschiedenartigen geologischen Strukturen*

Die Grenzflächen zwischen zwei Gesteinskörpern können ganz verschiedenartig ausgebildet sein. Sind aber in den unterschiedlichen Einheiten die thermischen Eigenschaften identisch, bilden die Kontaktzonen keine Störungen im Temperaturfeld. Bei einer konstanten Wärmeflußdichte aus dem Erdinnern bleibt der Temperaturgradient überall gleich. Stehen jedoch Gesteinskörper mit unterschiedlichen thermischen Eigenschaften im Kontakt, bildet sich in der Umgebung der Kontaktzone eine Störung im Temperaturfeld und im Feld seines Gradienten aus; und je größer der Wärmeleitfähigkeitskontrast ist, desto größer ist die Störung.

Eine Abschätzung der Abweichungen im Temperaturfeld kleinerer geologischer Einheiten soll in den folgenden Beispielen vorgenommen werden. Die dabei vorausgesetzten stationären Bedingungen sind im Abschn. 3.1 angegeben.

An einer Verwerfung können Gesteine mit unterschiedlichen thermischen Eigenschaften aneinander angrenzen. Auch magmatische Erscheinungen können Grenzflächen mit unterschiedlichen Stoffeigenschaften zwischen Intrusion und Nebengestein ausbilden.

Im ersten Beispiel (Abb. 4.8) sollen zwei Körper eine Kontaktfläche bilden, die senkrecht zur Oberfläche verläuft. Bei einer konstanten Wärmeflußdichte Q aus dem Erdinnern bilden sich je nach Wärmeleitfähigkeit K verschieden hohe Temperaturgradienten in den beiden Körpern (1) und (2) aus:

$$\text{Körper (1)}: (dT/dz)_1 = Q/K_1$$
$$\text{Körper (2)}: (dT/dz)_2 = Q/K_2.$$

In großer Entfernung vom Kontakt beträgt daher in der Tiefe z der horizontale Temperaturunterschied

$$\Delta T = T_2(z) - T_1(z) = (dT/dz)_2 - (dT/dz)_1 \; z = (dT/dz)_1 \, (K_1/K_2 - 1) z \qquad (4.17)$$

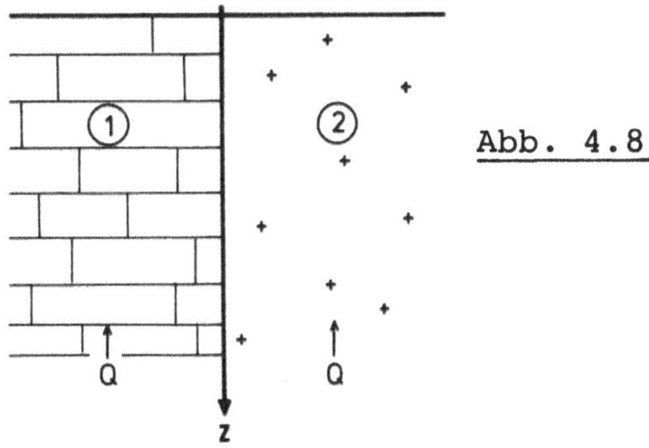

Abb. 4.8. Modell zweier aneinander grenzender Gesteinskörper. Der Körper (1) besitzt die Stoffwerte K_1, c_1, ρ_1 und den Temperaturgradienten $(dT/dz)_1$, der Körper (2) die entsprechenden Werte mit dem Index 2. Die Wärmeflußdichte soll in beiden Körpern konstant und gleich sein

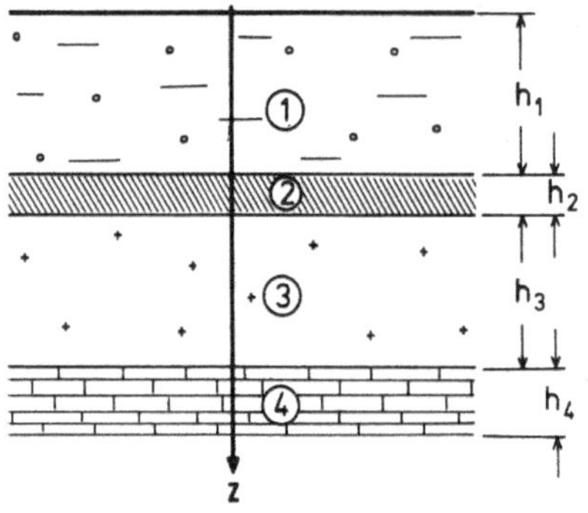

Abb. 4.9. Modell einer söhligen Schichtung von n Gesteinen der Mächtigkeiten h_n mit unterschiedlichen Stoffwerten (K_n, c_n, ρ_n)

Der Körper (2) soll derjenige mit der niedrigeren Wärmeleitfähigkeit sein $(K_2 < K_1)$. An der Grenzfläche bildet sich dann die Temperatur $T_{GR}(z)$ aus:

$$T_{GR}(z) = T_o + (dT/dz)_1 \left(1 + (\frac{K_1}{K_2} - 1)\frac{V}{1+V} \right) z \qquad (4.18)$$

Darin ist

$$V = \sqrt{\frac{K_1 c_1 \rho_1}{K_2 c_2 \rho_2}} = \frac{K_1}{K_2}\sqrt{\frac{\kappa_2}{\kappa_1}} .$$

Der Temperaturgradient in der Grenzfläche beträgt somit

$$\frac{dT_{GR}}{dz} = \left(\frac{dT}{dz}\right)_1 \left(1 + (\frac{K_1}{K_2} - 1)\frac{V}{1+V} \right) . \qquad (4.19)$$

Die Unterschiede im geothermischen Feld wachsen, je größer der Unterschied in den thermischen Stoffwerten beider Körper ist, wie beispielsweise zwischen denjenigen von Sandstein und Kohle bzw. Steinsalz und Sandstein.

Mit den in Tabelle 2.1 angegebenen Stoffwerten (Steinsalz $K_1 = 5,5 \frac{W}{m^o K}$, Sandstein $K_2 = 3,2 \frac{W}{m^o K}$) ergibt sich ein Temperaturgradient

$$\left(\frac{dT}{dz}\right)_2 = \frac{K_1}{K_2} \left(\frac{dT}{dz}\right)_1 = 1,7 \left(\frac{dT}{dz}\right)_1 ,$$

der bei gleicher Wärmeflußdichte im Sandstein 1,7 mal höher als im Steinsalz ist.

Bei söhliger Schichtung von n Materialien mit wechselnden thermischen Eigenschaften K_i (Abb. 4.9) und Mächtigkeiten h_i errechnen sich bei konstanter Wärmeflußdichte Q eine mittlere Wärmeleitfähigkeit K_M und ein mittlerer Temperaturgradient $(dT/dz)_M$ innerhalb der Schichtmächtigkeit H nach:

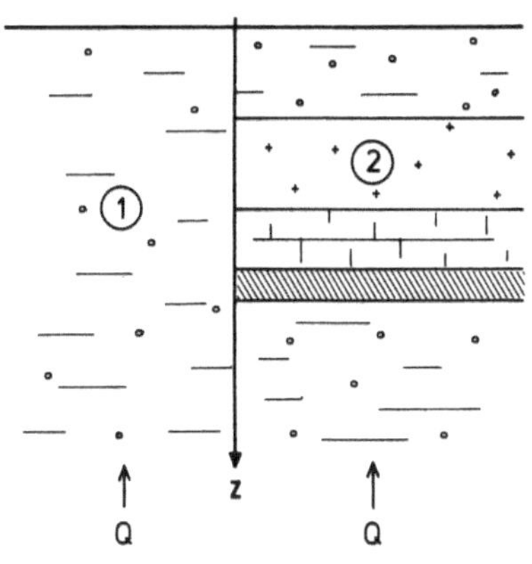

Abb. 4.10. Modell einer Kombination von Verwerfung und söhliger Schichtung unterschiedlicher Gesteine

$$Q = K_M (dT/dz)_M = K_M \cdot \frac{Q}{H} \sum_{i=1}^{n} \frac{h_i}{K_i} \qquad (4.20a)$$

$$\frac{1}{K_M} = \frac{1}{H} \sum_{i=1}^{n} \frac{h_i}{K_i} \qquad (4.20b)$$

$$(dT/dz)_M = Q/K_M. \qquad (4.20c)$$

Eine Wechsellagerung von Sandstein (K_1 = 3,2 W/m^{O}K) und Kohle (K_2 = 0,26 W/m^{O}K) ergibt für die flözreichen Teufen des Ruhrkohlenreviers, wo bis zu 1 m Flözkohle mit 10 m mächtigem Sandstein wechseln, eine mittlere Wärmeleitfähigkeit von

$$K_M = (10 + 1) \ (1/0,26 + 10/3,2)^{-1} = 1,6 \ W/m^O K.$$

Zur Berechnung von Temperaturen unterhalb der wechselnden Schichtenfolge kann mit einem mittleren Temperaturgradienten nur in den darüberliegenden Schichten gerechnet werden.

Für eine Temperaturabschätzung im Bereich (4) der Abb. 4.9 ist daher anzusetzen:

$$T(z) = T_O + Q \sum_{i=1}^{3} h_i/K_i + (z - \sum_{i=1}^{3} h_i) \ \left(\frac{dT}{dz}\right)_4 \qquad (4.21)$$

Abb. 4.10 zeigt eine Kombination von Schichtung und Verwerfung.

Ein Vergleich der Temperaturgradienten zwischen dem Ruhrkohlenrevier und dem flözfreien Sandstein soll zeigen, wie groß die thermische Anomalie ist, die zwischen zwei verschiedenartigen Gesteinskomplexen entstehen kann. Der Sandstein hat eine Wärmeleitfähigkeit K_1 = 3,2 W/m^{O}K und die kohleführenden Schichtpa-

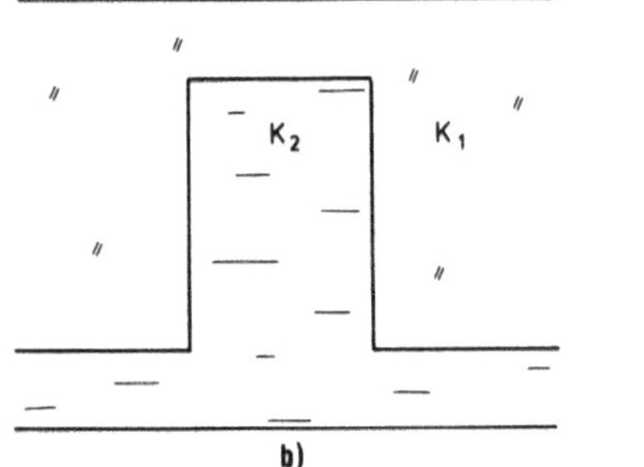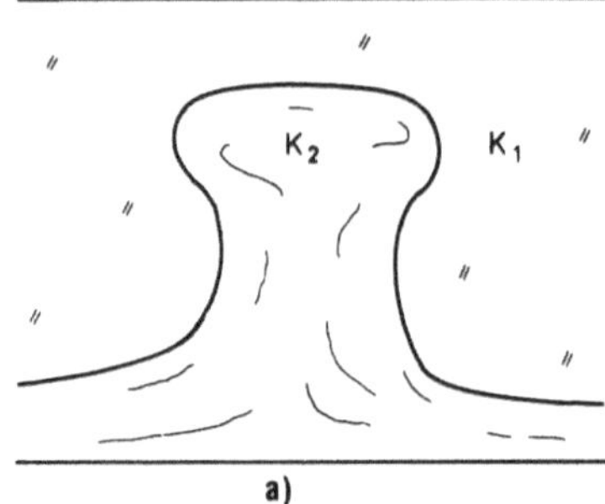

Abb. 4.11. Struktur eines Salzstockes (a) und Modell (b) mit den Wärmeleitfähigkeiten des Nebengesteins (K_1) und des Salzes (K_2)

kete eine mittlere von K_M = 1,6 W/m°K. Der Temperaturgradient $(dT/dz)_M$ ist daher mit

$$\left(\frac{dT}{dz}\right)_M = \frac{K_1}{K_M} \left(\frac{dT}{dz}\right)_1 = 2 \left(\frac{dT}{dz}\right)_1$$

doppelt so groß wie derjenige im Sandstein bei gleicher Wärmeflußdichte.

In geometrisch komplizierten Strukturen, wie beispielsweise in Salzstöcken (Abb. 4.11a), läßt sich das thermische Feld nur mit numerischen Methoden berechnen [4.24, 4.46]. Eine erste Abschätzung kann jedoch erhalten werden, wenn die Geometrie des Salzstockes an einfache Körper approximiert wird (Abb. 4.11b). Für den Zentralteil und für die vom Salzstock weiter entfernten Bereiche kann der Temperaturgradient wie im Falle söhliger Lagerung abgeschätzt werden.

4.1.5 *Die terrestrische Wärmeflußdichte*

Die Wärmeflußdichte aus dem Erdinnern ist diejenige thermische Größe, die in erster Näherung Annahmen über den thermischen Zustand in einem Tiefenbereich der Erde erlaubt, der der direkten Temperaturmessung nicht zugänglich ist. Er ist jedoch gegenüber Störungen, bedingt durch Krustenhebung und -senkung, Wassermigration oder vulkanische Aktivität, sehr empfindlich. Die Größe der Wärmeflußdichte kann daher schon längst vergangene thermische Ereignisse enthalten, so daß er immer als ein zeitlicher Mittelwert verstanden werden muß.

Die Bestimmung der Wärmeflußdichte erfolgt über die Messung der vertikalen Temperaturzunahme mit der Tiefe und der Wärmeleitfähigkeit des Gesteins, das sich zwischen den beiden Meßpunkten der Temperatur befindet. Der Quotient aus der Temperaturdifferenz und der Teufendifferenz wird als Temperaturgradient angenommen und ergibt multipliziert mit der Wärmeleitfähigkeit die

Wärmeflußdichte (vgl. Abschn. 1.2). Wegen der vielen möglichen Störfaktoren kann die Wärmeflußdichte nicht direkt an der Erdoberfläche gemessen werden. Nach Möglichkeit sollten die periodischen Temperaturänderungen an der Oberfläche, der Effekt der Topographie und eventuelle Grundwasserströmungen durch entsprechende Wahl der Meßteufe ausgeschlossen werden.

Es wird daher versucht, die Wärmeflußdichte in Bohrlöchern von mehreren hundert Metern Tiefe zu messen. Dennoch muß der Meßwert korrigiert werden, um die lokale Wärmeflußdichte Q_L zu erhalten:

$$Q_L = Q_B + Q_{KP} + Q_{LP} + Q_T \qquad (4.22)$$

Die zu korrigierenden Einflüsse sind:

1.) die durch den Bohrvorgang selbst entstehen (Q_B), weil die kalte Spülung während des Bohrens das Gestein von der Bohrwand her auskühlt (Abschn. 5.2.1),

2.) die kurz- (Q_{KP}) und langperiodischen (Q_{LP}) Temperaturschwankungen an der Oberfläche (Abschn. 4.1.1) und

3.) der topographische Einfluß (Q_T) (Abschn. 4.1.2).

Die korrigierte lokale Wärmeflußdichte kann als eine thermische Anomalie angesehen werden, wenn sie von einem regionalen Mittelwert, einem Referenzwert abweicht.

Die Wärmeflußdichte-Messungen lassen sich in Ozeanböden und Seeböden bedeutend einfacher durchführen, weil keine Bohrungen notwendig sind. Eine Meßsonde dringt unter ihrem Eigengewicht soweit in den lockeren Untergrund ein, daß Temperaturdifferenzen und in-situ-Wärmeleitfähigkeiten des Bodens bestimmt werden können [4.28, 4.29]. Wegen der mehrere hundert bis tausend Meter unter Wasser befindlichen Sonde kann die Korrektur der kurzperiodischen Temperaturschwankungen vernachlässigt werden.

4.1.5.1 *Die regionale Variation der Wärmeflußdichte*

Die mittlere Wärmeflußdichte ist auf Kontinenten im allgemeinen etwa so hoch wie auf ozeanischen Gebieten. Jedoch setzt sich die Wärmeflußdichte auf den Kontinenten aus Anteilen zusammen, die von denen auf dem Ozeanboden verschieden sind. Das Phänomen der Krustenneubildung entlang der mittelozeanischen Rücken trägt wegen des konvektiven Wärmetransports des aufsteigenden und zur Umgebung wärmeren Krustenmaterials erheblich zum gemessenen Mittelwert bei, der dadurch beträchtlich erhöht wird. Der Beitrag aus der radiogenen Wärmeproduktion ist nur gering, weil die ozeanische Krusten mit der etwa 5 km mächtigen Basaltschicht keine großen Anreicherungen an den Elementen Uran, Thorium und Kalium besitzt. Außer den beiden genannten Beiträgen wird lokal durch hydrothermale Zirkulation von Wässern in der ozeanischen Kruste der Wärmefluß verändert.

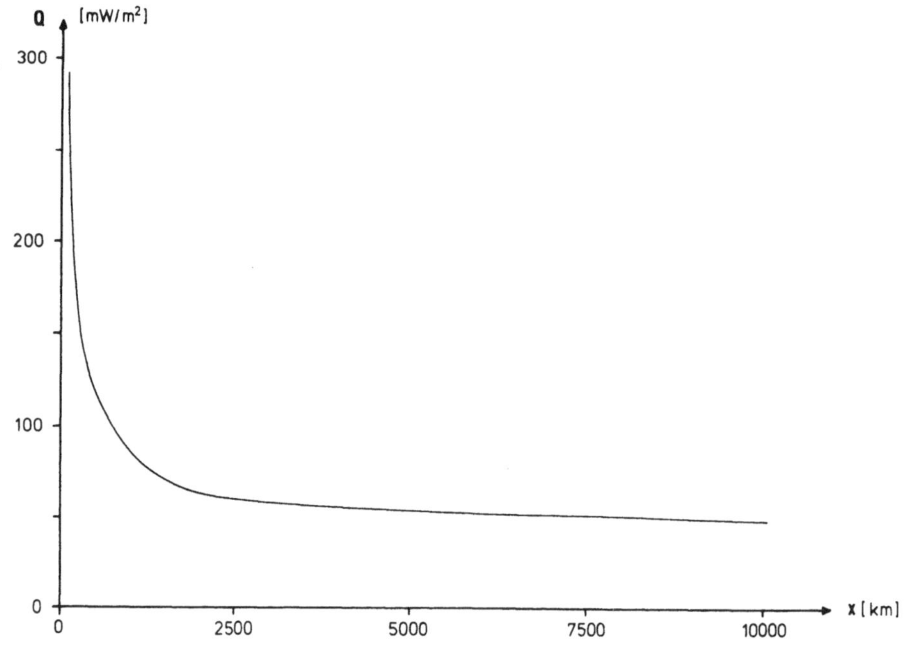

Abb. 4.12. Mittlere Verteilung der Wärmeflußdichte auf dem Ozeanboden in Abhängigkeit vom Abstand zum mittelozeanischen Rücken nach [4.62]

Die ozeanische Wärmeflußdichte ist im wesentlichen durch die Krustenneubildung geprägt. Auf den mittelozeanischen Rücken ist die Wärmeflußdichte am größten und kann Q = 300 mW/m^2 betragen [4.61]; senkrecht dazu nimmt die Wärmeflußdichte exponentiell ab und erreicht in Entfernungen von etwa 8000 km Werte von Q = 40 bis 45 mW/m^2. Diese niedrigen Werte enthalten nun keinen Wärmebeitrag mehr, der auf konvektivem Wege aus dem tieferen Erdinnern mit dem Aufquellen des Basaltes die Oberfläche des Meeresbodens erreicht. Die Wärmeflußdichte von Q = 40 bis 45 mW/m^2 setzt sich daher aus einem Anteil zusammen, der durch reine Wärmeleitung vom oberen Mantel her die Oberfläche erreicht, und einem Anteil, der in der Kruste durch den Zerfall der instabilen Isotope des Urans, Thoriums und Kaliums entsteht. Der letztere ist jedoch sehr gering, so daß die Wärmeflußdichte aus dem oberen Mantel an den Ozeanrändern etwa Q_m = 40 mW/m^2 beträgt. Auf den mittelozeanischen Rücken erreicht er Werte von etwa Q_m = 60 mW/m^2 [4.51]. Eine typische Verteilung der Wärmeflußdichte in der ozeanischen Kruste zeigt Abb. 4.12.

Die Wärmeflußdichte korreliert mit der Topographie des Ozeanbodens, so daß ein Modell einer sich bildenden Lithosphäre,die etwa 100 km mächtig ist und sich gleichmäßig von den Rücken weg ausbreitet, in Einklang mit den beobachteten Wärmeflußdaten steht [z.B. 4.61].

Ein vielseitiges Bild zeigt die regionale Verteilung des Wärmeflusses auf den Kontinenten. Zwei Krustentypen lassen sich in der Wärmeflußdichte auf qualitativem Wege unterscheiden: Es sind einmal die Alten Schilde, d.h. präkambrischen Gebiete,und zum anderen ist es die Kruste vom "Normaltyp" [4.6], die kambrische und jüngere Gebiete umfaßt. In den Alten Schilden liegt die Krusten-Mantel-Grenze, die Mohorovičić-Diskontinuität in einer Tiefe von ca. 40 km und in den Gebieten vom Normaltyp bei etwa 30 km, wenn von tiefreichenden Gebirgswurzeln abgesehen wird. Auf den Alten Schilden ist die Wärmeflußdichte im allgemeinen niedriger als in geologisch jüngeren Gebieten.

Einen Überblick über die Verteilung der Wärmeflußdichte auf Kontinenten zeigt die Wärmeflußdichtekarte von Europa (Abb. 4.13) [4.35, 4.36].

Im wesentlichen spiegeln sich in der Wärmeflußdichte die geotektonischen Konsolidierungsbereiche (Abb. 4.14) wider. Das Ur-Europa mit dem Baltischen und Ukrainischen Schild sowie der osteuropäischen Tafel bilden ein großes Gebiet mit sehr niedriger Wärmeflußdichte ($Q < 50$ mW/m^2), das etwa vom Ural im Osten und der Tornquist-Linie im Westen begrenzt wird. Das Paläo-Europa ist mit den kaledonischen Strukturen vor allem entlang der norwegischen Küste und in Schottland ausgebildet und zeigt eine etwas höhere Wärmeflußdichte ($50 \leqslant Q \leqslant 60$ mW/m^2). Das ganze Ur-Europa wird mit dieser etwas höheren Wärmeflußdichte umsäumt. Deutlich zeichnet sich auch das Böhmische Massiv (Variszikum) ab, das im Vergleich zum übrigen Meso-Europa eine niedrigere Wärmeflußdichte aufweist. Für das Meso-Europa ist eine Wärmeflußdichte von etwa $Q = 70$ mW/m^2 charakteristisch, die im Neo-Europa stärker ansteigt und in den meisten Gebieten bei $Q = 80$ mW/m^2 liegt. Sehr großflächige Wärmefluß-Anomalien befinden sich im intramontanen Pannonischen Becken und in der Tyrrhenis, wo die Mittelwerte über $Q = 90$ mW/m^2 liegen. In beiden Gebieten beträgt die Krustenmächtigkeit nur etwa 25 km. Obwohl die "Moho", die Krusten-Mantel-Grenze keineswegs als Isotherme verstanden werden darf, deutet ihre Hochlage an, daß unter ihr Mantelmaterial aus dem tieferen und damit auch heißeren Erdinnern aufsteigt; eine Hypothese, die auch durch den miozänen Magmatismus bestätigt wird. Beide Gebiete sind außerdem durch bedeutende Vertikalbewegungen gekennzeichnet, die im Miozän und Pliozän, also nach der alpidischen Orogenese, zu Sedimentmächtigkeiten von mehreren tausend Metern führten [4.58]. Dieser subsequenten Einbruchstektonik in der alpidischen Gebirgsbildung, der ein hoher Wärmefluß aus dem Erdinnern einhergeht, steht ein völlig anders geartetes Phänomen, die Grabenbildung in Europa gegenüber. Zwischen dem Oslo-Graben (Mjösen-See) und dem Mittelmeer gibt es NNE-SSW streichende Grabenstrukturen, die nach STILLE Mittelmeer-Mjösen-Zone genannt werden. Am ausgeprägtesten ist der Rheingraben mit seinem hohen Wärmefluß. Der Beginn der bruchtektonischen Vorgänge im Rheingraben liegt im Alttertiär. Während dieser Zeit hat im oberen Mantel aufsteigendes Mantelmaterial die Grabenöffnung bewirkt, und an den tiefreichenden Brüchen in der Kruste konnte dann basaltisches Material bis an die Oberfläche aufdringen. Die Konvektion im oberen Mantel hat

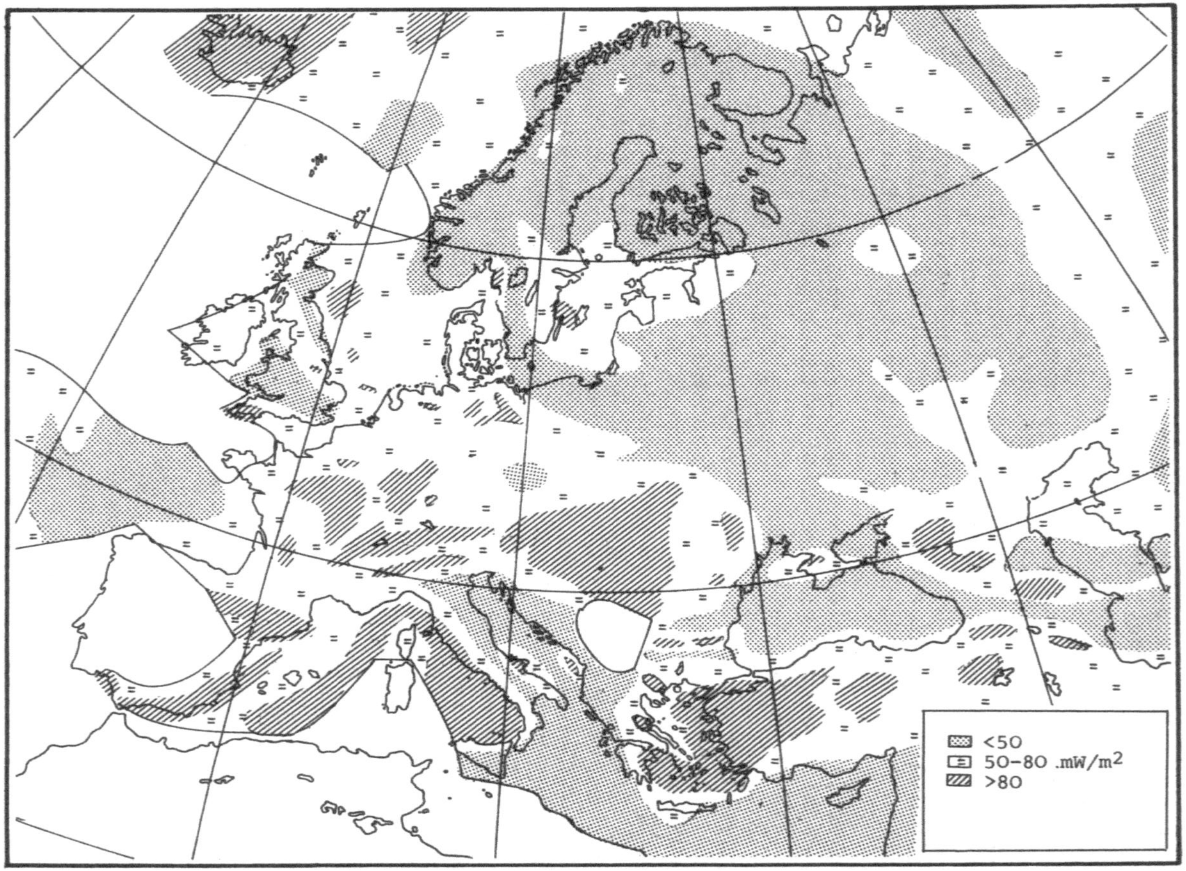

Abb. 4.13
Verteilung der
Wärmeflußdichte
in Europa nach
[4.14, 4.35, 4.36]

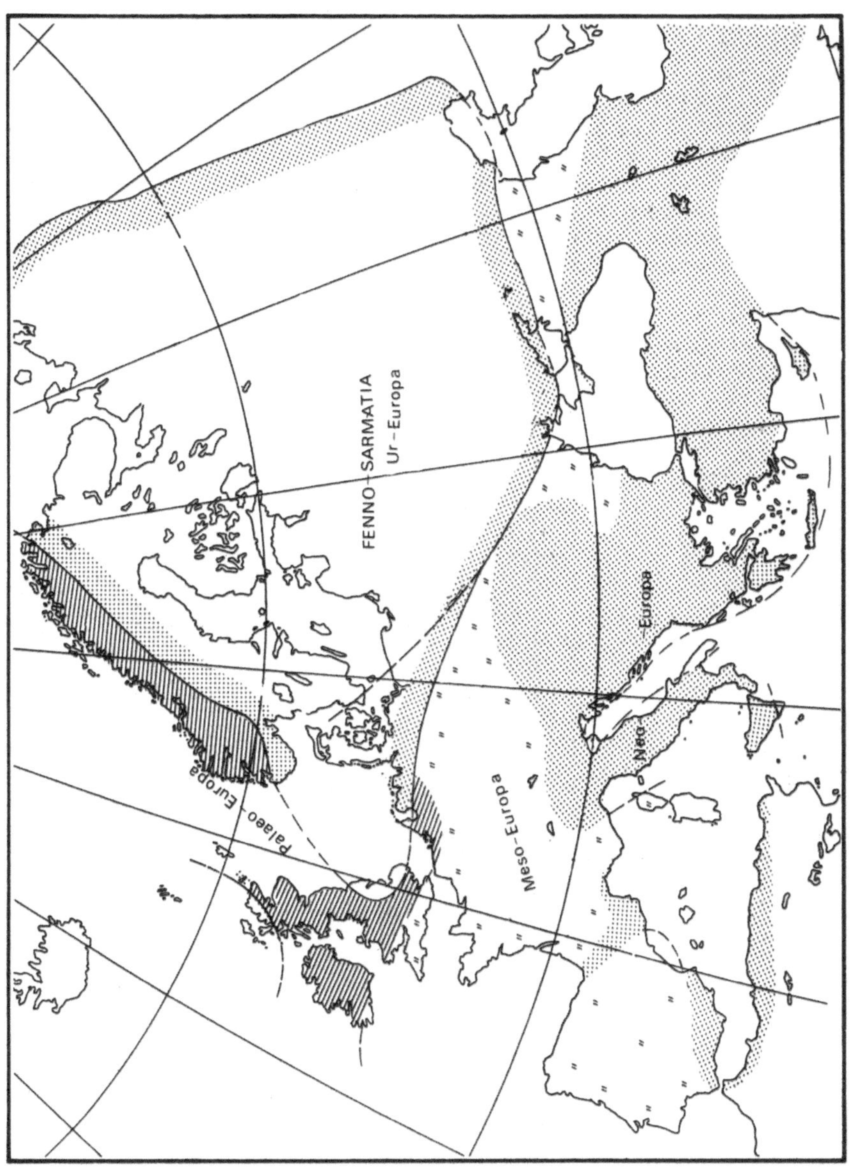

Abb. 4.14
Geotektonische Konsolidierungsbereiche Euro-
pas nach [4.58]

zu einer Erhöhung des Wärmeflusses in der Kruste beigetragen, die zwar im Verlaufe des Tertiärs, nach dem Ende des eozänen Vulkanismus, auf ein niedrigeres Niveau abgeklungen ist [4.11, 4.70], jedoch gegenwärtig zusätzlich lokal hohe Anomalien wie bei Landau/Pfalz [4.74] aufweist. Der regional höhere Wärmefluß scheint nicht auf den Rheingraben selbst beschränkt zu sein; der schwäbische Vulkanismus und die in der Bundesrepublik Deutschland zweite "große" geothermische Anomalie mit ihrem Maximum bei Urach sind ziemlich sicher oberflächennahe Äußerungen ein und derselben thermischen Anomalie im oberen Mantel.

Während eine regional hohe Wärmeflußdichte auf eine tiefliegende anomale Wärmequelle in der unteren Kruste oder im oberen Mantel schließen läßt, sind lokale Anomalien entweder auf hydrothermale Wassermigration und/oder auf vulkanische Tätigkeit zurückzuführen. Die tiefreichenden Brüche des Rheingrabens ermöglichen den Thermalwasseraufstieg aus mehreren Kilometern Tiefe und erklären die lokale Anomalie von beispielsweise Landau/ Pfalz vollständig [4.12, 4.72, 4.74]. Die Wirkung von großen Intrusivkörpern auf die Krustengesteine kann anhand der Umwandlung organischen Materials in den Sedimentgesteinen im Dach des Bramscher Intrusivs in Norddeutschland beobachtet werden [4.13]. Der Intrusivkörper drang vor etwa 100 Millionen Jahren in die Kruste ein und hat in den nachfolgenden 2 - 3 Millionen Jahren den Temperaturgradient und damit die Wärmeflußdichte in seiner Umgebung wesentlich erhöht.

In den einzelnen geotektonischen Einheiten unterscheiden sich die Wärmeflußdichten in ihren Mittelwerten, wie aufgezeigt wurde. Jedoch kann die Streuung der Einzelwerte innerhalb einer Einheit ganz beträchtlich sein. Ein mächtiger Granitkörper kann die Wärmeflußdichte wegen des hohen Gehaltes an radiogenen Wärmeproduzenten bedeutend erhöhen. Dennoch ist die Zugehörigkeit verschiedener Gebiete zu einer geotektonischen Einheit, die durch eine Wärmeflußprovinz definiert wird [4.56], nachweisbar, wenn es sich um Inhomogenitäten in der Wärmequellenverteilung der Oberkruste handelt. Es wird davon ausgegangen, daß die Wärmeflußdichte aus der Unterkruste konstant (Q_0) ist und daß unterhalb der Tiefe b keine Inhomogenitäten auftreten. Es könnten darunter die Wärmequellen entweder homogen verteilt oder gar nicht mehr vorhanden sein.

Innerhalb einer solchen Wärmeflußprovinz gilt dann die Beziehung zwischen Oberflächen-Wärmeflußdichte und der Oberflächen-Verteilung der Wärmequellen A [4.56]:

$$Q = Q_0 + A\, b . \tag{4.23}$$

Mit Hilfe dieser Beziehung lassen sich aus 2 Messungen der radiogenen Wärmeproduktion und der Wärmeflußdichte am gleichen Ort sowohl die Mächtigkeiten der inhomogenen Wärmequellenverteilung wie auch die Wärmeflußdichte darunter abschätzen (Abb. 4.15), und bei einer größeren Anzahl von Messungen kann die Ausdehnung der Wärmeflußprovinz abgegrenzt werden.

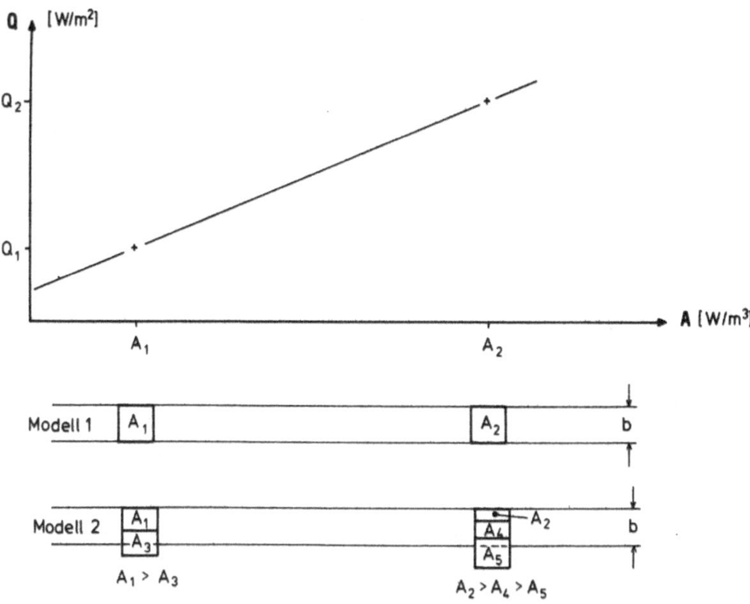

Abb. 4.15. Modelle zur Abschätzung der Verteilung radiogener
            Wärmequellen in der Kruste aus der Oberflächen-
            wärmeflußdichte nach [4.56]

Weil die durch die Wärmequellen generierte Wärmeflußdichte sich
aus ihrer integralen Verteilung zwischen der Oberfläche und
der Tiefe z^* ergibt

$$A(o)b = \int_{o}^{z^*} A(z) \, dz, \qquad (4.24)$$

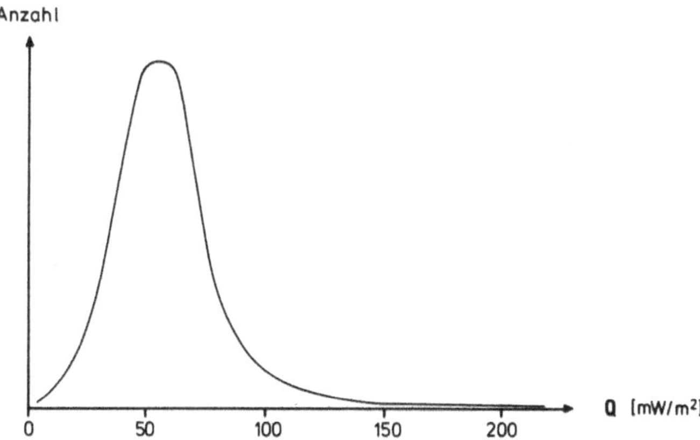

Abb. 4.16. Häufigkeitsverteilung der gemessenen Wärmeflußdich-
            ten nach [4.35]

können, wie in Abb. 4.15 gezeigt, verschiedene Modelle der Verteilung A(z) infrage kommen.

In Europa gibt es mehr als 2000 Wärmeflußdichte-Messungen [4.14, 4.35, 4.36]. Eine Statistik des größten Teil der Werte [4.35] zeigt die Häufigkeitsverteilung in Abb. 4.16, aus der sich ein Mittelwert von $Q = 61$ mW/m^2 für Europa errechnet. Die flacher abfallende Verteilungskurve nach höheren Wärmeflußdichten hin deutet die relativ häufige Verteilung von hohen Werten an, die maximal $Q = 300$ mW/m^2 erreichen.

4.1.5.2 *Die zeitliche Variation der Wärmeflußdichte*

Bei der ozeanischen Wärmeflußdichte-Verteilung fällt auf, daß die Wärmeflußdichte auf dem mittelozeanischen Rücken, dem Entstehungsort juveniler ozeanischer Kruste, am größten ist und symmetrisch nach beiden Seiten abnimmt. Wird der ozeanischen Kruste nun eine mittlere, zeitlich konstante Ausbreitungsgeschwindigkeit zugeordnet, läßt sich die ozeanische Wärmeflußdichte als Funktion des Krustenalters darstellen [4.62], Abb. 4.17. Die Wärmeflußdichte zeigt eine überproportionale Abnahme mit dem geologischen Alter.

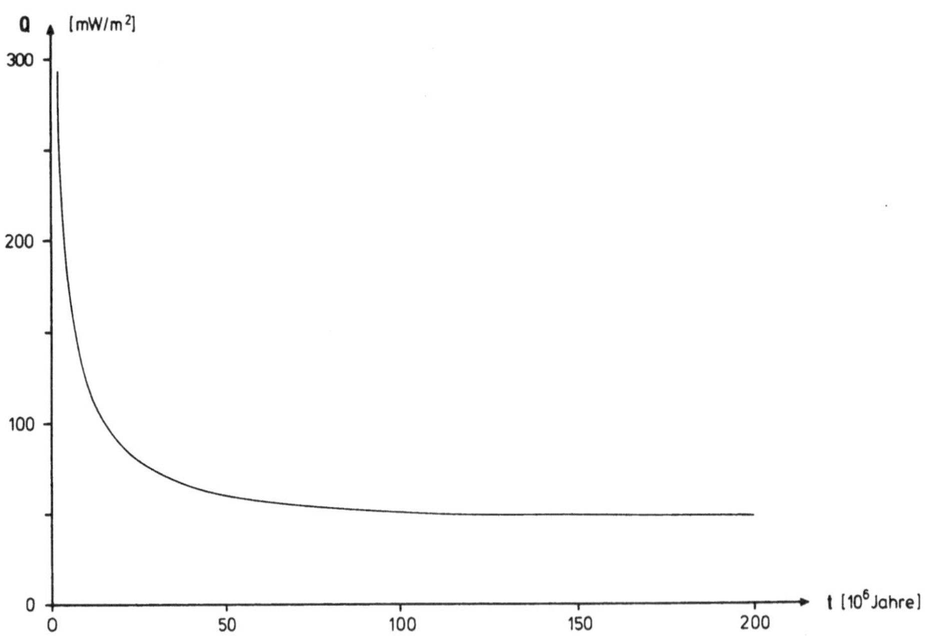

<u>Abb. 4.17.</u> Mittlere Wärmeflußdichte auf dem Ozeanboden in Abhängigkeit vom Alter der Kruste nach [4.62]

Auch die kontinentale Wärmeflußdichte korreliert mit dem geologischen Alter [4.15, 4.52], obwohl der Mechanismus, der die Zeitabhängigkeit verursacht, ein völlig verschiedener ist. Bei der ozeanischen Wärmeflußdichte kommt zu dem Anteil aus dem tieferen Erdinnern jener Beitrag hinzu, der von der Abkühlung der juvenilen Kruste her stammt. Bei der kontinentalen Wärmeflußdichte ist es jedoch jener Beitrag, der von den radiogenen Wärmeproduzenten erzeugt wird.

Die regionale Betrachtung der Wärmeflußdichte zeigte, daß sie im Ur-Europa mit der präkambrischen Kruste am niedrigsten ist, im Meso-Europa etwas höher ist und große Streuungen mit z.T. sehr hohen Werten im Neo-Europa aufweist. Diese regionale Betrachtungsweise enthält implizit eine zeitliche Abhängigkeit der Wärmeflußdichte, die in [4.52] erstmals aufgezeigt wurde und für Daten aus der UdSSR und der CSSR in Abb. 4.18 dargestellt ist. Als Alter der geologischen Einheit wird das Alter der letzten geotektonischen Vorgänge angesehen.

Weil die tektonischen Erscheinungen selbst solche Wärme nicht erzeugen können, die zur regionalen Erhöhung des Wärmeflusses wesentlich beitragen könnte, und eine Abkühlung der Kruste wegen der großen in Betracht kommenden Zeiträume auch nicht infrage kommt, verbleibt noch die Verteilung der radiogenen Wärmequellen, die sehr wahrscheinlich diese Zeitabhängigkeit besitzt. Die Elemente Uran, Thorium und Kalium scheinen sich im Verlaufe der Erdgeschichte immer mehr in der Oberkruste der Erde anzureichern [z.B. 4.10], so daß das heutige Bild der Wärmeflußdichte-Verteilung eine solche Zeitabhängigkeit widerspiegelt, die jedoch keinerlei Aussage über den tatsächlichen Wärmefluß in der geologischen Vergangenheit erlaubt.

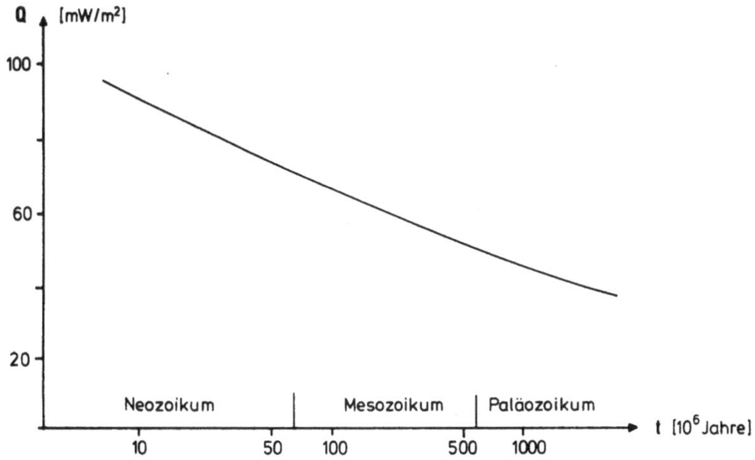

Abb. 4.18. Abhängigkeit kontinentaler Wärmeflußdichte Osteuropas von der jeweils letzten geotektonischen Aktivität eines Gebietes nach [4.15]

4.2 Der thermische Zustand in der unteren Kruste und im tieferen Erdinnern

Thermische Ereignisse pausen sich um so weniger bis an die Erdoberfläche durch, je tiefer sie stattfinden. Die quasi isotherme
Oberfläche verkleinert laterale Temperaturdifferenzen, je näher
sie sich der Oberfläche befinden. Zur Identifizierung von Pro-
zessen, die innernalb der Erde ablaufen, sind indirekte Beobachtungen aus Seismologie, Gravimetrie, Geodäsie und Erdmagne-
tismus notwendig. Gleichgewichtsbedingungen von Phasenumwandlungen werden mit den aufgrund verschiedener geophysikalischer
Verfahren ermittelten Anomalien verglichen und auf das Erdinnere übertragen. Nur auf diese Weise ist eine noch recht un-
gewiß bleibende Temperaturabschätzung für den größten Bereich
des Innern der Erde möglich.

4.2.1 *Der thermische Zustand in der unteren Kruste und im oberen Mantel*

Die an der Erdoberfläche meßbare Wärmeflußdichte (Q) enthält
nach der Korrektur von Störeinflüssen aus dem oberflächennahen
Bereich im wesentlichen zwei Anteile, nämlich den, der aus dem
tieferen Erdinnern kommt, und einen, der sich aus dem Zerfall
der instabilen Isotope der Elemente Uran, Thorium und Kalium
ergibt. Der letztere Anteil nimmt innerhalb der Kruste mit der
Tiefe etwa exponentiell ab. Nach verschiedenen Methoden ist es
möglich, diesen Anteil abzuschätzen [z.B. 4.10, 4.51], um die
Wärmeflußdichte aus dem oberen Mantel zu errechnen. Es muß eine
Verteilung der wärmeproduzierenden Elemente ermittelt werden,
die entweder aus petrologischen Modellen des Krustenaufbaus
erhalten wird oder aus seismischen sowie gravimetrischen Modellen. Im ersten Fall wird von einem dem Gesteinstyp zugeordneten
Oberflächenwert (Abschn. 2.3.1) ausgegangen und eine exponentielle Abnahme der radiogenen Wärmequellen mit der Tiefe (z) angenommen. Im zweiten Fall werden der seismischen Geschwindigkeit und der Dichte, beide Parameter als Funktionen der Tiefe,
Werte der Wärmeproduktion (A) nach Abschn. 2.3.2 zugeordnet,
um ihre integrale Verteilung zu erhalten und die Mantelwärme-
flußdichte (Q_m) zu errechnen.

$$Q_m = Q - \int_0^{\text{Moho}} A(z)\, dz \,. \qquad (4.25)$$

Die so reduzierte Wärmeflußdichte (Q_m) kann Anhaltspunkte zur
Temperaturverteilung T(z) unterhalb einer bestimmten Tiefe z_0
in der unteren Kruste und im obersten Bereich des Erdmantels
geben, wenn ein Wert für die Wärmeleitfähigkeit K angenommen
wird.

$$T(z) = T(z_0) + (z - z_0)\, Q_m/K \,. \qquad (4.26)$$

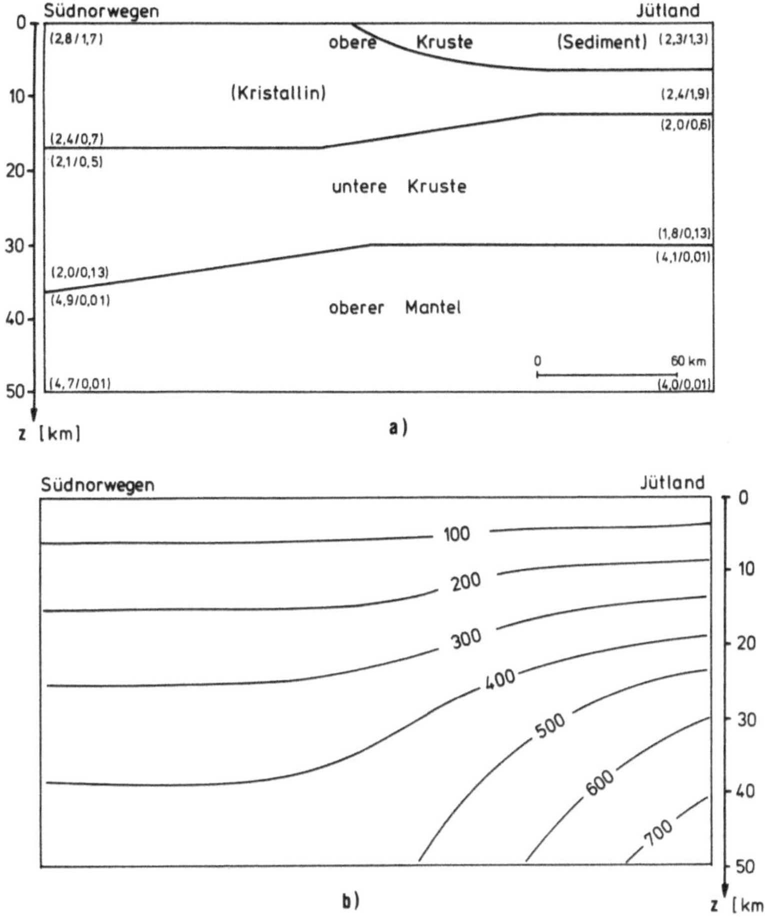

Abb. 4.19. Zweidimensionales Modell (a) mit Wärmeleitfähigkeit [W/m °K] sowie Wärmeproduktion [μW/m^3] in Klammern und Isothermenverlauf (b) in [°C] für ein Gebiet zwischen Südnorwegen und Jütland (Dänemark) nach [4.9]

In den nachfolgenden Modellen werden einige Temperaturverteilungen für verschiedene Krustentypen angegeben. Die Modellberechnungen basieren auf Annahmen zur Verteilung der Wärmeleitfähigkeiten (vgl. Abschn. 2.1) und der radiogenen Wärmeproduktionen (vgl. Abschn. 2.3). Unter der Voraussetzung geologisch stabiler Gebiete kann die stationäre Wärmeleitungsgleichung (vgl. Abschn. 3.1) zur Beschreibung des Temperaturfeldes benutzt werden. Dabei kann die Temperaturverteilung bis in eine Tiefe berechnet werden, die erhalten wird, wenn sich in geologisch sinnvollen Zeiträumen innerhalb der betrachteten Schichtmächtigkeit ein stationäres Temperaturfeld aufbauen kann. Ein zweidimensionales Temperaturfeld wird mit dem Modell in Abb. 4.19a für ein Gebiet zwischen Südnorwegen und Dänemark nach dem Relaxationsverfahren [4.3, 4.9] errechnet (Abb. 4.19b).

Die südnorwegische Kruste mit dem obersten Mantel repräsentiert
die Alten Schilde und Jütland (Dänemark) eine kontinentale Normalkruste. Je nach Änderung der thermischen Eigenschaften können die Temperaturverteilungen beträchtlich voneinander abweichen [4.3]. Der wesentliche Unterschied zwischen den beiden
Krustentypen bleibt jedoch erhalten: In den Alten Schilden
wird die Schmelztemperatur in der Kruste und im obersten Mantel
auch nicht annähernd erreicht. Hingegen kann in der kontinentalen Normalkruste die Schmelztemperatur von kieselsäurereichem
Gestein im Bereich der unteren Kruste erreicht werden
(Abb. 4.20). Beim Überschreiten der Schmelztemperatur bilden
sich im Bereich der Kruste in der Regel Granit-Plutone, die
häufig gar nicht die Erdoberfläche erreichen, sondern während
des Aufstiegs bereits wieder soweit abkühlen, daß sie die So-
lidustemperatur unterschreiten. Bei partiellen Aufschmelzungen
im oberen Mantel bildet sich basaltisches Material, das vielfach an tiefreichenden Bruchzonen durch die ganze Kruste hin-
durchdringt und die Oberfläche erreicht. Der Aufstieg aus Tiefen von ca. 60 km in ozeanischen Gebieten [4.21] geschieht mit
solcher Geschwindigkeit, daß der Basalt noch fast die ursprüngliche Temperatur des Entstehungsortes besitzt, die mit etwa
T = 1200 $\pm$ 100° C anzunehmen ist [z.B. 4.65].

Das heutige Erdmodell ist geprägt durch die Erkenntnisse aus
der Plattentektonik, nach der die Lithosphärenplatten auf der
Asthenosphäre driften. Die Lithosphärenplatten besitzen sehr
unterschiedliche Mächtigkeiten zwischen etwa 50 und 200 km.
Entscheidend für den thermischen Zustand im Grenzbereich Li-
thosphäre/Asthenosphäre ist die Annahme, daß die obere Grenzfläche der Übergangszone eine Isotherme (T = 1200 $\pm$ 100° C) ist,
die nahe dem Schmelzpunkt des Materials der unteren Lithosphäre

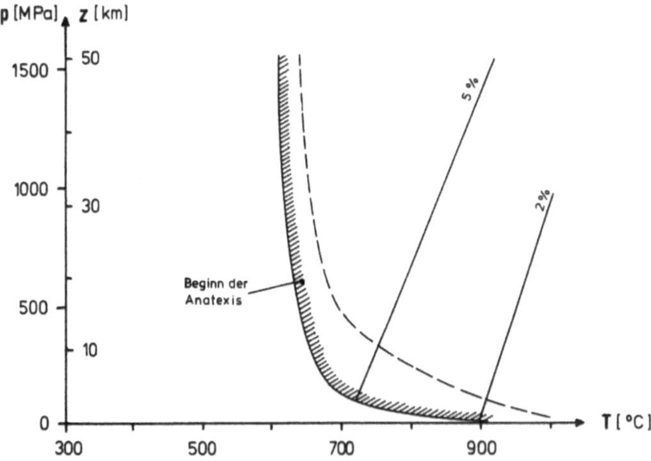

Abb. 4.20. Schmelzbeginn von Muskovit-Granit (———) bei Wassersättigung, bei 5% und bei 2% Wassergehalt sowie von
Gabbro bei Wassersättigung (- - -) [4.75]

liegt [4.16]. Eine solche Temperatur verringert die Viskosität
derart, daß das Driften der Platten möglich ist.

Weitere Anhaltspunkte für Isotherme im Mantel sind die seismisch ermittelten Grenzflächen in Tiefen zwischen 375 und
425 km, bei 550 km und bei 670 km, die einen hohen Geschwindigkeitsgradienten aufweisen und damit Übergangszonen von Druck-
phasen anzeigen. Es brauchen dabei keine Änderungen in der
chemischen Zusammensetzung vorzuliegen. Den Bereich zwischen
der Mohorovičić-Diskontinuität und der seismischen Diskontinuität bei ca. 400 km bezeichnet man als oberen Mantel. Die Grenzfläche zwischen dem oberen und unteren Mantel wird als Phasenumwandlung verstanden [4.54, 4.55], wobei das Mg-Silikat Mg_2SiO_4
mit Olivinstruktur übergeht in eine spinellähnliche Struktur
mit einer dichteren Raumerfüllung, d.h. daß das eigentliche
Volumen der Gitterbausteine im Verhältnis zum eingenommenen
Volumen der Gesamtstruktur abnimmt. Die Pyroxene (Kettensili-
kate) gehen in eine neue Art Granatstruktur über [4.54]. Diese
Materieverdichtung ist mit einem Dichteanstieg von 8 - 10 %
verbunden.

4.2.2 *Zum thermischen Zustand des unteren Erdmantels*

Die Diskontinuitätsfläche an der Grenze vom oberen zum unteren
Mantel in etwa 400 km Tiefe ist ein weiterer Fixpunkt zur Ermittlung der Temperaturverteilung im Erdmantel. Die Umwandlungstemperatur bei dem entsprechenden Druck in etwa 400 km
Tiefe wird mit T = 1300 ± 150° C angenommen [4.65]. Weil diese
Grenzfläche in verhältnismäßig konstanter Tiefe liegt
(375 ≤ z ≤ 425 km), kann vermutet werden, daß es in dieser
Tiefe keine bedeutenden lateralen Temperaturdifferenzen gibt,
die auf den unterschiedlichen Aufbau von ozeanischer und kontinentaler Lithosphäre zurückgeführt werden können.

Es gibt [4.65] unterhalb von 200 km Tiefe bereits keine größeren lateralen Temperaturunterschiede als etwa 200° C, die in
diesem Falle bedingt sind durch Massenkonvektion in der Asthenosphäre.

Die recht ausgeprägte Diskontinuität in der Schallwellengeschwindigkeit in etwa 670 km Tiefe ist verträglich mit Bedingungen einer weiteren Materieverdichtung, bei der die Spinell-
strukturen des $(Mg,Fe)_2SiO_4$ übergehen in Metalloxid-Strukturen
mit dichtester Kugelpackung und in die Hochdruckmodifikation
des SiO_2 Stishovit [4.26]. Dieser Phasenumwandlung wird in der
Tiefe von etwa 670 km eine Gleichgewichtstemperatur von
1600 ± 400° C zugeordnet. Weitere Möglichkeiten der Phasenumwandlung führen dazu, daß die gesamten Siliziumatome oktaedrisch
von Sauerstoffatomen umgeben werden im Gegensatz zur tetraedri-
schen Umgebung bei den Niederdruckmodifikationen [4.54].

Der unterhalb 670 km Tiefe seismisch schwach inhomogen er-
scheinende Bereich des unteren Mantels mit weiteren Diskonti-
nuitätsflächen könnte sowohl Phasenänderungen als auch Änderun-

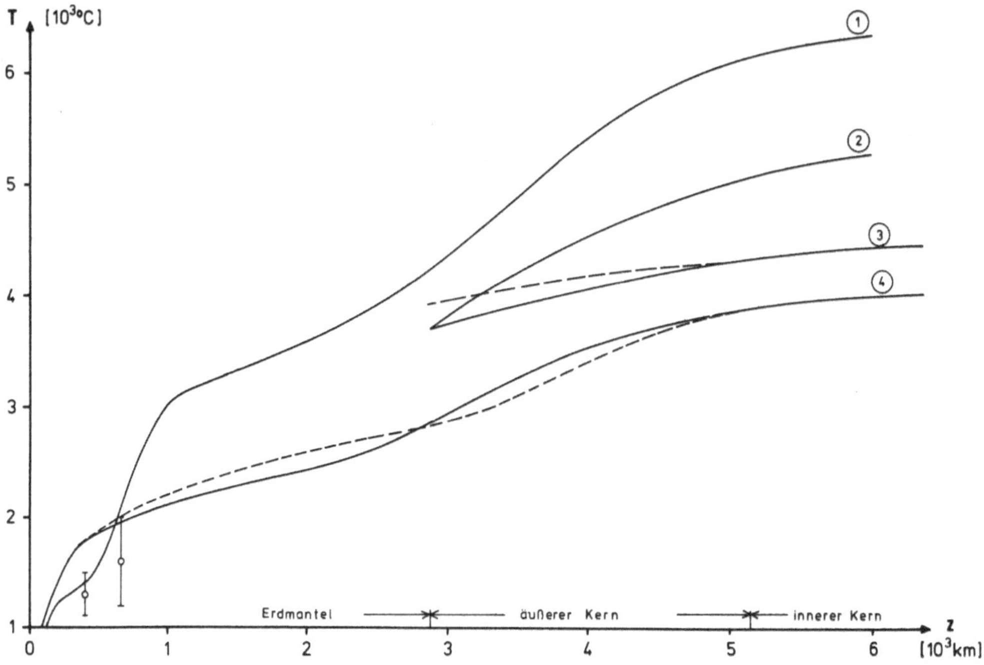

Abb. 4.21. Temperaturen bei Phasenumwandlungen (ϕ) und Temperaturverteilungen im Erdinnern aufgrund von
(1) elektrischen Eigenschaften des Erdinnern [4.71]
(2) thermodynamischen Annahmen [4.53]
(3) Schmelztemperaturen des Eisens (———) mit adia-
batischer Temperaturverteilung (----) [4.37]
(4) physikalisch-chemischen und physikalischen Annahmen (———) mit entsprechenden Schmelztemperaturen (----) [4.67]

gen in der chemischen Zusammensetzung andeuten. Es ist z.Z.
allerdings nicht möglich, Anhaltspunkte für Temperaturfixpunkte
zu erkennen.

Es wird im unteren Erdmantel ein Temperaturgradient angenommen,
der gerade so groß ist, daß er einer adiabatischen Temperaturverteilung entspricht. Aufsteigende Massen dehnen sich unter
niedrigerem Druck bei gleichzeitig abnehmender Dichte aus und
kühlen ab, absinkende hingegen werden komprimiert und erwärmen
sich. In einem solchen System findet keine Änderung in der inneren Energie statt. Die Bedingung für den radialen adiabatischen Temperaturgradienten dT/dr ist in der THOMSON'schen
Gleichung formuliert:

$$\frac{dT}{dr} = - \frac{g \, \alpha \, T}{c_p} \cdot \cdot \qquad (4.27)$$

Diese Gleichung wird hergeleitet [z.B. 4.40] aus der statischen Grundgleichung, nach der der radiale Druckgradient der Schwerebeschleunigung und der Dichte proportional ist, und aus dem 1. Hauptsatz der Thermodynamik. In der THOMSON'schen Gleichung sind g die Schwerebeschleunigung, α der Volumenausdehnungskoeffizient, T die Temperatur und c_p die spezifische Wärme bei konstantem Druck. Der adiabatische Temperaturgradient beträgt

$$\frac{dT}{dr} \approx -0,5 \frac{^{\circ}K}{km} \ .$$

Mit den Temperaturfixpunkten im oberen Mantel und einem adiabatischen Temperaturgradienten im unteren Mantel ergibt sich eine Temperaturverteilung nach Abb. 4.21.

In untersten Bereichen des Erdmantels, in Tiefen von etwa 2550 - 2900 km ist der Geschwindigkeitsgradient der Longitudinalwellen sehr niedrig, was bei homogenem Material einen hohen Temperaturgradienten andeutet [4.1].

Je nach Annahmen zur chemischen Zusammensetzung und zu den physikalischen Eigenschaften weichen errechnete Temperaturverteilungen mehr oder weniger stark voneinander ab.

4.2.3 *Zum thermischen Zustand des Erdkerns*

Der Erdkern kann aufgrund seismischer Daten unterteilt werden in einen festen inneren Kern (5150 $\leqslant$ z $\leqslant$ 6371 km), der wahrscheinlich aus Eisen mit Beimengungen von Nickel besteht, und in einen flüssigen äußeren Kern. Der äußere Kern könnte aus Eisen und Schwefel bestehen; und vermutlich ist Eisen im Überschuß, kristallisiert aus und erhält einen quasi-Gleichgewichtszustand mit der Schmelze aufrecht, dessen Änderung sich erst in geologischen Zeiträumen bemerkbar macht und evtl. auch Ursache für die Umkehr des erdmagnetischen Feldes sein könnte. Die genaue Charakterisierung des Kernmaterials ist wegen der nicht präzise genug bestimmbaren Verteilung der Dichte und der seismischen Parameter kaum möglich. Daher wird zur Abschätzung der Schmelztemperaturen im Kern zum einen reines Eisen angenommen [4.7, 4.31, 4.37], dessen Schmelzpunkt an der Kern-Mantel-Grenze mit $T_M = 4800^{\circ}$ C errechnet wird, und zum anderen wird ein eutektisches Gemisch aus Eisen und Schwefel angenommen [4.67], das an der gleichen Grenzfläche einen Schmelzpunkt von 2600° C erreichte. Als Mittelwert ergibt sich T = 3700° C. Im flüssigen äußeren Kern werden diese Temperaturen überschritten, und im festen inneren Kern werden die Schmelztemperaturen nur geringfügig unterschritten. Einige Temperaturverteilungen sind in Abb. 4.21 dargestellt. Sie beruhen auf Berechnungen

1.)   aus der Verteilung der elektrischen Leitfähigkeit im Mantel [4.71] mit Kerntemperaturen nach [4.25],

2.)   der thermischen Zustandsgleichungen mit Annahmen zur chemi-
      schen Zusammensetzung und einer temperatur- und druckbeding-
      ten Dichteänderung [4.53],
3.)   der Schmelztemperaturen von Eisen [4.37] und
4.)   thermodynamischer Annahmen mit Schmelztemperaturen für ein
      eutektisches Eisen-Schwefel-Gemisch und druckbedingten Ände-
      rungen in der Elektronenhülle des Kaliums als Wärmequelle
      [4.67].

Den Berechnungen werden physikalische Eigenschaften zugeordnet,
die aus Laborexperimenten extrapoliert werden auf Drücke und
vermutliche Temperaturen,wie sie im Kern herrschen könnten.Die
derzeitige Kenntnis über den thermischen Zustand im Kern könnte
deshalb durch verbesserte Laboruntersuchungen und durch verbesserte Meßtechniken in den geophysikalischen Methoden entscheidend revidiert werden müssen.

An der Grenze zwischen innerem und äußerem Kern ist sehr wahrscheinlich die Schmelztemperatur des Kernmaterials der Temperatur aus einer adiabatischen Verteilung gleich. Der Gradient
der Schmelztemperatur muß daher im äußeren Kern größer sein als
der adiabatische Temperaturgradient, damit die Bedingung erfüllt
ist, daß der äußere Kern flüssig ist. Jedoch ist das Kernmate-
rial sicherlich keine chemisch reine Substanz. Es gibt daher
keinen definierten Schmelzpunkt, sondern einen Schmelzbereich,
in dem die flüssige Phase mit einer festen im Gleichgewicht
steht. Die flüssige Phase des äußeren Kerns kann bis zu 30 %
suspendierte feste Substanz enthalten, ohne daß die seismischen
Parameter derzeit unterscheidbar wären [4.1].

Der sich aus den Schmelzpunktberechnungen ergebende niedrige
Temperaturgradient läßt auf einen nahezu isothermen inneren
Kern schließen, jedoch auch auf eine so kleine Temperaturänderung im äußeren Kern, daß eine großzügige Konvektion, die doch
als Dynamo das magnetische Erdfeld erzeugt, nicht zustande käme.

Eine mögliche Erklärung bieten wärmeerzeugende Vorgänge oder
primäre Wärmequellen im äußeren Kern und wärmeverbrauchende
Vorgänge im untersten Erdmantel, um eine Konvektion aufrecht
zu erhalten, ohne die Vorstellungen zum inneren Kern und unteren Mantel ändern zu müssen. Eisen könnte [4.67] an der Grenze
äußerer/innerer Kern auskristallisieren und dabei Kristallisa-
tionswärme frei werden und/oder Kalium als radiogene Wärmequelle
in der flüssigen Phase des äußeren Kerns vorhanden sein. Wärme-
senken an der unteren Mantelgrenze könnten eventuelle Lösungs-
wärmen sein, die verbraucht würden, wenn der wahrscheinlich
eisenreiche unterste Mantel zum Teil in die flüssige Phase des
äußeren Kerns überginge. Die Änderung des chemischen Gleichgewichts könnte dazu führen, daß Eisen auskristallisiert und so
der innere Kern auf Kosten des Mantels wächst.

4.3 Thermische Aspekte bei der Plattentektonik

Die in den letzten Jahrzehnten entwickelte neue globale Tektonik
geht von der Kontinentalverschiebungstheorie WEGENER's aus und
führt im wesentlichen mit Hypothesen zur ozeanischen Lithosphäre
zum heutigen Verständnis der Plattentektonik [z.B. 4.19, 4.30,
4.33, 4.43].

Die Plattentektonik erfordert eine andere Gliederung der Erde
als ihre Aufteilung in Kruste und Mantel im äußeren Bereich.
Die stoffliche Gliederung, die mit der Mohorovičić-Diskontinuität eine markante Trennung erlaubt, wird ersetzt durch eine
geodynamische, die die Kruste und einen Teil des oberen Mantels zur Lithosphäre zusammenfaßt. Die Grenze zwischen Lithosphäre und Asthenosphäre ist eine Zone mit geringer Viskosität. Diese Grenze entkoppelt damit weitgehend die mechani-
schen Vorgänge in der Lithosphäre von den darunter ablaufenden.

Die Lithosphäre besteht aus einzelnen begrenzten Platten, die
nicht starr auf der darunter liegenden Asthenosphäre ruhen, sondern sich auf ihr relativ gegeneinander bewegen. Besonders in-
struktiv ist die Bewegung der ozeanischen Lithosphäre mit ihren geologischen und geophysikalischen Erscheinungen, wo entlang
den mittelozeanischen Rücken basaltisches partielles Mantelmaterial zur Oberfläche aufquillt, die ozeanischen Platten beider-
seits der Rücken wegdriften, an den Kontinentalrändern unter die
spezifisch leichtere sialische Kruste der Kontinente untertau-
chen und im oberen Mantel wieder assimiliert werden. Im Gegensatz
zur letztgenannten Ozean-Kontinent-Grenze kann es an den Grenzen
zweier kontinentaler Lithosphärenplatten zu horizontalen Ver-
schiebungen oder zu einem Ineinanderschieben mit teilweisen Über-
schiebungen oder auch Subduktionen kommen.

Die an der Oberfläche sichtbaren Indizien der Plattenbewegung
lassen nicht unmittelbar auf die antreibenden Kräfte im Innern
schließen,die weder örtlich noch zeitlich konstant sind. Betrag
und Richtung der Bewegungen können einem episodischen Ablauf
unterliegen.

Es gibt zwar kaum Zweifel, daß die Antriebsmechanismen bei den
Plattenbewegungen im wesentlichen thermischer Natur sind und
von z.B. gravitativen Kräften, die bei Subduktionen auftreten,
unterstützt werden. Diese Kräfte allein erklären aber die zeitlich tektonischen Zusammenhänge zwischen der Gebirgsneubildung
auf der kontinentalen Lithosphäre und der Ausbreitung der ozeanischen Lithosphäre nur unvollkommen [z.B. 4.49].

Nach der Feststellung, daß in allen Gesteinen die wärmeerzeu-
genden, instabilen Isotope des Urans, Thoriums und Kaliums vorkommen, könnten [4.32] Konvektionsströmungen im Erdmantel möglich sein, die von diesen radiogenen Wärmequellen aufrecht erhalten werden. Die thermisch induzierten und großzügigen Konvektionszellen, die Radien von mehreren tausend Kilometern haben, benötigen jedoch viel zu große Umlaufzeiten. Es sprechen
auch die ungleichförmigen Bewegungen der Lithosphärenplatten

gegen ein Modell mit solch großen Konvektionszellen, das eine
große Zeitkonstanz hätte. Es scheint vielmehr thermische Energie in der Asthenosphäre, z.B. aus Differentiationsprozessen im
weitesten Sinne heraus, aktiviert zu werden, wodurch eine Massenkonvektion in Verbindung mit einem thermischen Ereignis in
Gang gesetzt wird. Es sprechen viele Erscheinungsformen der Mas-
senbewegungen (mittelozeanische Rücken, Manteldiapire, hotspots)
dafür, daß der mehr oder weniger radial gerichtete konvektive
Massentransport singulärer Natur ist und seine Erklärung in der
thermischen Entwicklung des Planeten findet.

Die radial zur Oberfläche gerichteten Aufströme von partiellem
Mantelmaterial unterscheiden sich stark in ihren Intensitäten,
die an den mittelozeanischen Rücken am größten sind und sich
häufig nur schwach auf der kontinentalen Lithosphäre durchpau-
sen, wie an Hochlagen der "Moho", z.B. im Oberrheingraben, angezeigt ist. Die konvektiven Aufströme sind stets von einer positiven thermischen Anomalie begleitet. Die konvektiven Abströme
an den Subduktionszonen sollten entsprechend von einer negativen thermischen Anomalie begleitet sein, die jedoch vollständig
von den tektonischen und magmatischen Begleiterscheinungen über-
prägt sind.

Das physikalische Prinzip, das die Freisetzung der thermischen
Energie in der Asthenosphäre befriedigend erklärt, ist noch
nicht gefunden. Vielen Modellbetrachtungen zur Mechanik der Plat-
tenbewegungen liegen vereinfachte Vorstellungen der klassischen
Konvektionstheorie zugrunde, die mit verbesserten Modellen unter
Einbeziehung

    1.)   der Temperaturabhängigkeit der Zähigkeit,
    2.)   von horizontalen Temperaturgradienten,
    3.)   von radiogenen Wärmequellen,
    4.)   von Reibungswärme bei Scherung und
    5.)   von Phasenänderungen

thermische Erscheinungen an der Oberfläche in Zusammenhang mit
Bewegung und Mächtigkeit der Lithosphärenplatten zu deuten ver-
mögen [z.B. 4.16, 4.48, 4.59, 4.63].

Bei der ozeanischen Lithosphäre stimmen mit bereits einfachen
Plattenmodellen die Entstehung der Lithosphäre an den mittelozeanischen Rücken und ihre allmähliche Abkühlung mit den gemessenen Wärmeflußdichten überein. Danach ist die Wärmeflußdichte Q indirekt proportional der Quadratwurzel aus dem Alter t
der entstandenen Lithosphäre

$$Q \sim \sqrt{1/t} \, , \qquad\qquad (4.28)$$

und außerdem erklärt das einfache Modell den Zusammenhang zwischen der Topographie der Lithosphäre, d.h. ihrer Tiefe unter
Meeresniveau D und ihrem Alter t

$$D \sim \sqrt{t} \qquad\qquad (4.29)$$

[4.18, 4.47]. Systematische Abweichungen der Meßergebnisse von
den Modellergebnissen, die nicht auf eine intensive Wasserzirkulation [4.18] zurückführbar sind, treten erst bei
$t \approx 70$ Millionen Jahren auf. Für die älteren Plattenteile liegen die Meßwerte höher als die zu erwartenden. Es kann sich
die zunehmende Scherfestigkeit zu den rückenfernen Gebieten hin
durch eine zunehmende Reibungswärme auswirken,deren Korrektur
die Gültigkeit des oben genannten Modells auch auf größere Zeiten ($t > 70$ Millionen Jahre) erweitert [4.59].

Eine andere Möglichkeit, die Differenzen zwischen den theoreti-
schen Werten aus dem einfachen Abkühlungsmodell und den Meßwerten für ein Lithosphärenalter $t > 70$ Millionen Jahre zu erklären, wird in einem weiteren Modell [4.48] aufgezeigt. Es wird
nicht von einem einfachen Abkühlungsmodell ausgegangen, sondern
von einem Plattenmodell mit den Randbedingungen, daß die Ober-
flächenwärmeflußdichte und die Tiefe des Meeresbodens einen konstanten Grenzwert erreichen. Nach diesem Modell nimmt die Wärmeflußdichte exponentiell mit dem Alter ab und erreicht einen
asymptotischen Grenzwert. Für Zeiten bis zu $t = 70$ Millionen Jahre befriedigen beide genannten Modelle die Meßwerte. Jedoch ist
das abgeänderte Plattenmodell für alle Zeiten mit den Meßwerten
verträglich. Nach dem letzten Modell ergibt sich aus den Modellberechnungen eine isostatisch kompensierte Lithosphärenmächtig-
keit von 125 ± 10 km und am Übergang zur Asthenosphäre eine
Grenzflächentemperatur von $T = 1350 \pm 275^{\circ}$ C.

In einem thermischen Modell für die kontinentale Lithosphäre
wird angenommen, daß ein Wärmefluß aus der Asthenosphäre in
die Lithosphäre mit einer Flächendichte Q_A übergeht [4.16]. Diese
Wärmeflußdichte wird unter der ozeanischen Lithosphäre für glo-
bal konstant gehalten. Die Grenzfläche zwischen Lithosphäre und
Asthenosphäre ist eine Isothermenfläche, die Ausdruck eines
thermodynamischen Gleichgewichts ist. Jede Änderung im thermischen Zustand der Asthenosphäre bedingt eine Verschiebung der
Isothermen und damit auch der Grenze zwischen Lithosphäre und
Asthenosphäre. Die Mächtigkeit der Lithosphäre geht nach diesem
Modell aus dem thermischen Zustand der Asthenosphäre hervor.
Steigt der Wärmefluß aus der Asthenosphäre, wird die Lithosphäre
dünner, und es stellt sich ein neues Gleichgewicht ein. Nach dem
Abklingen der Anomalie, wenn also die Wärmequelle selbst ver-
siegt oder die Lithosphärenplatte von der Anomalie fortdriftet,
kühlt die Lithosphäre selbst ab und muß an Mächtigkeit zuneh-
men. Dieses Modell steht in Einklang mit den Wärmeflußdichten in
Nordamerika [4.16].

Die thermischen Modelle der Lithosphäre beschreiben die Platten
als passive Teile, deren Bewegung durch eine in der Asthenosphäre
stattfindende Massenkonvektion erzwungen wird. In den "hotspots", den radialen Aufwärtsstörmungen von partiellem Asthenosphärenmaterial, könnten jene Kräfte vermutet werden [4.44],
die im ursächlichen Zusammenhang mit den Bewegungen der Lithosphäre stehen. Die Gründe dafür sind, daß die meisten hotspots
nahe der mittelozeanischen Rücken gelegen sind und immer ein
hotspot an Stellen liegt, wo drei Großplatten aneinander grenzen. Die aufwärts gerichteten Asthenosphärenströme transportie-

ren die Platten von ihren Auftauchpunkten weg. Es gibt Anzeichen [4.44], daß die Asthenosphäre aktiv wird, bevor die Kontinente unter den Aufströmen geteilt werden. Daß weit mehr zu einer thermischen Anomalie eines an der Oberfläche sichtbaren Aufstromes von partiellem Asthenosphärenmaterial gehört als der Vulkanismus, lassen die Schweredaten und die regionale Topographie um den Auftauchpunkten herum erkennen. Möglicherweise sind die gravimetrische Anomalie und die Topographie ein Maß für die Amplitude der thermischen Anomalie in der Asthenosphäre [4.44].

Die Aufströme werden von der Lithosphäre scheinbar nicht beeinflußt. Sie hinterlassen ihre sichtbaren Marken vergangener Aktivitäten sowohl auf den Kontinenten wie auf Ozeanen: Der ringdike Komplex in SW-Afrika, die Flutbasalte im Parana-Becken S-Amerikas, die Dekkan-Trapp-Basalte Indiens, die Insel Hawaii u.a.m.sind vulkanische Begleiterscheinungen ihrer Aktivitäten. Die asthenosphärischen Aufströme können intensiv genug sein, eine Lithosphärenplatte zu zerteilen und so eine Neubildung eines Ozeans zu initiieren, wie entlang des Roten Meeres und des Golfs von Aden angezeigt ist [4.50].

Die Aufströme aus der Asthenosphäre scheinen raumfest zu sein. Ihre vulkanischen Erscheinungen pausen sich mancherorts so durch die Lithosphäre, daß der Bewegungsablauf einer Lithosphärenplatte nachvollziehbar ist. Den Aufströmen entsprechende Punkte mit Abströmen sind noch nicht nachgewiesen. Die asthenosphärischen Aufströme sind ein Ausdruck der thermischen Entwicklung der Erde. Sie tragen einerseits zu einer konvektiv unterstützten Abkühlung der Asthenosphäre bei und andererseits zu einer stofflichen Differentiation des Erdmantels.

5. METHODEN DER TEMPERATURERMITTLUNG

Zum Verständnis vieler geologischer, mineralogisch-petrographischer und geophysikalischer Erscheinungen auf der Erde sind Kenntnisse von Temperaturen unerläßlich, wie sie beispielsweise beim Schmelzbeginn von Gesteinen vorherrschen, sich bei Gleichgewichten bestimmter Mineralparagenesen einstellen oder bestimmte Wärmefluß-Anomalien verursachen.

Die Temperaturermittlung ist deshalb nicht einfach, weil das Objekt, das Innere der Erde der direkten Messung nicht zugänglich ist. Selbst oberflächennahe Schichten bis einige Kilometer Tiefe können nur mit sehr aufwendigen Bohrungen erschlossen werden. In der Regel müssen zur Temperaturbestimmung indirekte Methoden angewandt werden. Häufig ist auch gar nicht der gegenwärtige thermische Zustand eines bestimmten Krustenbereiches von Interesse, sondern ein längst vergangener, wie bei Fragen zur Metamorphose von Gesteinen oder zu Bildungstemperaturen bestimmter Mineralparagenesen.

In allen Fällen wird die Temperaturabhängigkeit entweder von chemischen Reaktionsabläufen im weitesten Sinne oder von physikalischen Größen dazu genutzt, ein Bild der örtlichen und zeitlichen Temperaturfunktion des Erdinnern zu erhalten.

5.1 Geothermometer zur Bestimmung von Reaktionstemperaturen

Physikalisch-chemische Gleichgewichtsbedingungen können zur Berechnung der jeweiligen Gleichgewichtstemperatur genutzt werden. Viele Phasen sind jedoch innerhalb eines breiten Temperaturintervalls im Gleichgewicht, so daß das Vorhandensein einer bestimmten Mineralparagenese, d.h. eines Ensembles von nebeneinander im gleichen geochemischen Milieu entstandenen Mineralen, im allgemeinen noch keinen Schluß über ihre Bildungstemperatur erlaubt.

Erst der Einbau von Spurenelementen in das Kristallgitter verschiedener Minerale oder die Verhältnisse bestimmter Ionen und Isotope in einer Phase ermöglichen eine genauere Bestimmung der Bildungstemperaturen. Auch die Löslichkeit von festen Stoffen, wie Quarz und Na-, K- und Ca-haltige Minerale, erlaubt Rückschlüsse auf Lösungstemperaturen. Sehr temperaturempfindlich sind die organischen Einlagerungen in Sedimentgesteinen, die ihren Chemismus irreversibel ändern.

5.1.1 *Lösungsgleichgewichte als Temperaturindikatoren*

In einem wassergesättigten porösen Gestein stellt sich nach gewisser Zeit bei gleichbleibender Temperatur ein Lösungsgleichgewicht ein. Ein geringer Teil der Gesteinskomponenten geht in Lösung. Dabei haben die einzelnen Minerale und amorphen Komponenten, wie Glasphasen in Eruptivgesteinen oder Opal, sehr unterschiedliche Löslichkeiten. Salze werden sehr leicht gelöst, und Gesteinsbildner wie Quarz und Feldspat sind schwerlöslich. Mit der Vereinfachung, daß sich verschiedene gelöste Komponenten nicht gegenseitig in ihrer Löslichkeit beeinflussen, gilt für jede Komponente die integrierte Form der Van't HOFFschen Gleichungen:

$$\ln C = \frac{\Delta H}{R\,T} + x_1 \qquad\qquad (5.1)$$

mit C der Gleichgewichtskonstanten, ΔH der Wärmetönung, R der Allgemeinen Gaskonstante, T der absoluten Temperatur und x_1 einer Integrationskonstanten. Daraus ist ersichtlich, daß der Logarithmus der gelösten Substanz umgekehrt proportional der Temperatur ist.

5.1.1.1 *Das SiO$_2$-Thermometer*

Der SiO$_2$-Gehalt in Thermalwässern wird häufig zur Bestimmung derjenigen Temperatur genutzt, die im Wasserreservoir herrscht. Obwohl viele einschränkende Voraussetzungen die Gültigkeit der Gleichgewichtsbedingung infrage stellt, ergibt das SiO$_2$-Thermometer eine brauchbare Temperaturabschätzung. Die Temperaturen werden meist für zu niedrig errechnet [5.36]. Die Abweichungen liegen zum einen in der analytischen Bestimmbarkeit der Kieselsäure (H$_2$SiO$_3$) und zum anderen in den vorausgesetzten, aber nicht immer erfüllten Bedingungen [5.21]:

-   Die temperaturabhängige Reaktion, d.h. das Lösungsgleichgewicht für Quarz u.a. SiO$_2$-Modifikationen findet nur in der Reservoir-Tiefe statt, und das Lösungsgleichgewicht hat sich eingestellt.

-   Die Wasserschüttung einer Thermalquelle beträgt mindestens 200 l/min, weil sonst bei den niedrigeren Temperaturen SiO$_2$ ausfällt.

-   Es findet keine Mischung des Thermalwassers mit anderen Schichtwässern statt, die zu Konzentrationsverschiebungen führen können.

Weitere nicht berücksichtigte Ungenauigkeiten sind die unterschiedlichen Löslichkeiten der verschiedenen SiO$_2$-Modifikationen wie Quarz, Chalzedon, Christobalit und amorphes SiO$_2$ [5.19]. Auch der pH-Wert des Wassers spielt eine große Rolle.

Die Löslichkeit von amorphem SiO_2 (= Opal) ist bedeutend größer
als diejenige des feinfaserigen und porösen Chalzedons, dessen
Löslichkeit wiederum größer als die von Quarz ist. Temperatur-
angaben können daher nur dann genau genug sein, wenn auch das
Ausgangsmaterial bekannt ist. Die Erfahrung lehrt, daß bei niedrigen Temperaturen (bis $T \approx 100°$ C) mit der Chalzedonlöslich-
keit zu rechnen ist und darüber mit derjenigen von Quarz [5.36].
Entsprechend der Gleichung (5.1) errechnen sich die Temperaturen des Lösungsgleichgewichts [5.36, 5.57] für

$$\text{Chalzedon:} \quad T \; [°C] = \frac{1032}{4,69 - \log c} - 273 \qquad\qquad (5.2)$$

$$\text{Quarz:} \quad T \; [°C] = \frac{1315}{5,205 - \log c} - 273 \qquad\qquad (5.3)$$

Der SiO_2-Gehalt c wird in [mg/l] angegeben. Beide Funktionen
sind in Abb. 5.1 dargestellt.

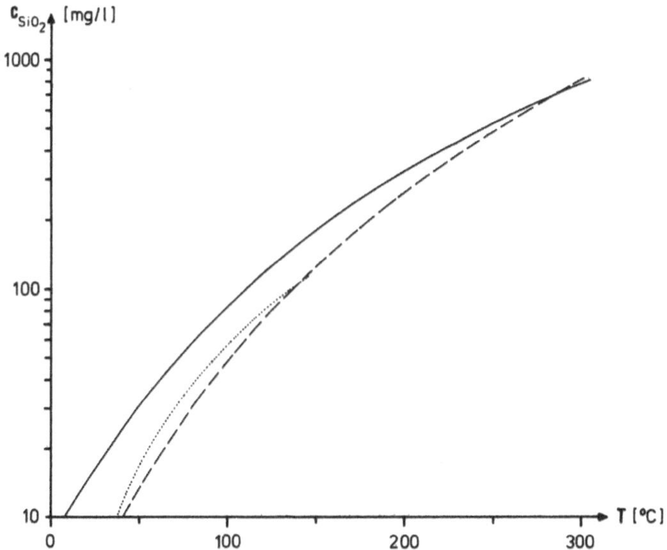

Abb. 5.1. Löslichkeit von SiO_2 im Wasser
——— Chalzedon   } nach [5.35, 5.57]
– – – Quarz
········· Eichkurve für SiO_2-Gehalte in Thermalwässern
der Bundesrepublik Deutschland nach [5.25]

Für die Bundesrepublik Deutschland liegen die SiO_2-Gehalte fast
alle unter 100 mg/l. Es hat sich gezeigt, daß die Berechnung der
Gleichgewichtstemperatur, basierend auf der Quarzlöslichkeit,
nach folgender Formel vorgenommen werden kann [5.25]:

$$T\ [^{o}C] = 10{,}28\ (c)^{0{,}5607} \qquad\qquad (5.4)$$

Der SiO_2-Gehalt (c) wird in [mg/l] angegeben, und die graphische Darstellung wird in Abb. 5.1 gezeigt.

Unter stationären Bedingungen der Wärmeleitung (Abschn. 1.2 und 1.3) läßt sich auch die Tiefe abschätzen, in der das Wasser das Lösungsgleichgewicht erreichte:

Mit $\qquad\qquad T = z\ dT/dz\ + T_o$

und $\qquad\qquad Q = K\ dT/dz$

ergibt sich eine Tiefe (z):

$$z = (T - T_o)\ K/Q \qquad\qquad (5.5)$$

Darin sind T die errechnete Temperatur aus dem SiO_2-Gehalt, T_o die Jahresmitteltemperatur des Bodens, K die Wärmeleitfähigkeit und Q die Wärmeflußdichte. Der Fehler wird allerdings wegen der ungenauen durchschnittlichen Wärmeleitfähigkeit noch größer als bei der Temperaturbestimmung.

Werden in Gleichung (5.5) die Tiefe der Wasserzirkulation bzw. die Reservoir-Tiefe (z) und die Wärmeleitfähigkeit (K) als konstant angenommen, so gibt es zwischen der Temperatur T in der Tiefe z und der Wärmeflußdichte eine lineare Beziehung, die für Gebiete ohne Wärmeflußdaten wesentliche Interpolationshilfe leisten kann.

Für die USA wird folgende Gleichung angegeben [5.52]:

$$T = 0{,}67\ Q + 13{,}2 \qquad\qquad (5.6)$$

so daß gilt:
$$Q = 1{,}49\ (T - 13{,}2) \qquad\qquad (5.7)$$

mit der Temperatur des Lösungsgleichgewichtes $T\ [^{o}C]$ und der Wärmeflußdichte an der Oberfläche $Q\ [mW/m^2]$.

Wegen des großen Fehlers bei der Temperaturbestimmung sind eine große Anzahl von Einzelwerten notwendig, um eine regionale Wärmeflußdichte mit genügender Genauigkeit angeben zu können.

Obwohl das SiO_2-Thermometer mit Erfolg seit längerem angewandt wird [5.19], hat es erhebliche Nachteile, die im wesentlichen mit der Bestimmung des Absolutgehaltes an gelöstem SiO_2 verbunden sind. Dieser Nachteil besteht bei dem im folgenden beschriebenen Na-K-Ca-Thermometer nicht, weil die Gehalte nur als Verhältnisse zur Berechnung gebraucht werden.

5.1.1.2 Das Na-K-Ca-Thermometer

Basierend auf Gleichung (5.1) wurde ein geochemisches Thermometer entwickelt [5.20], daß die Natrium-, Kalium- und Kalzium-Konzentrationen in Thermalwässern zur Berechnung der Temperatur des Lösungsgleichgewichtes nutzt. Durch die Verwendung der Verhältnisse ihrer Konzentrationen wird der Fehler der Temperaturangabe für klein gehalten, obwohl für die Na-, K- und Ca-haltigen Wässer die gleichen Einschränkungen [5.21] gelten, wie sie im vorigen Abschnitt für das SiO_2-Thermometer angegeben sind. Die Gleichgewichtstemperatur der Lösung wird angegeben mit [5.36]:

$$T \ [^{O}C] = \frac{1647}{2,24 + F(T)} - 273 \qquad (5.8)$$

mit $\qquad F(T) = \log (c_{Na}/c_K) + x \log (\sqrt{c_{Ca}}/c_{Na}).$

x beträgt 1/3, wenn das Mol-Verhältnis $\sqrt{c_{Ca}}/c_{Na} < 1$, und x beträgt 4/3, wenn $\sqrt{c_{Ca}}/c_{Na} > 1$. Sollte im letzten Fall die errechnete Temperatur $T > 100^{o}$ C sein, so ist $x = 1/3$ zu setzen, um die Gleichgewichtstemperatur zu erhalten. Die Funktion F(T) in Abhängigkeit von der Temperatur (T) ist in Abb. 5.2 dargestellt.

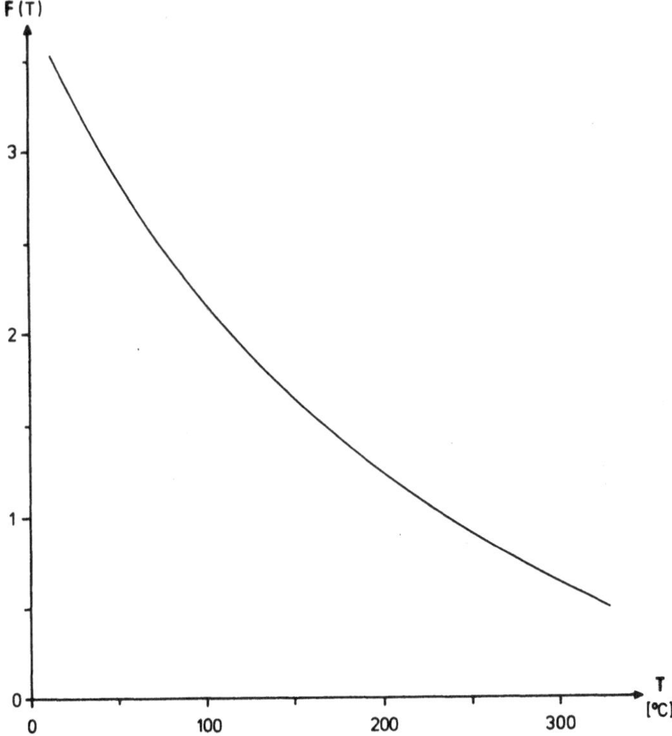

Abb. 5.2. Eichkurve zur Anwendung des Na-K-Ca-Thermometers gemäß Gleichung (5.8) nach [5.36]

Sehr häufig ist die aus den Na-, K- und Ca-Gehalten ermittelte
Temperatur höher als die aus dem SiO_2-Gehalt bestimmte [5.36].
Die Gründe können vielfältig sein. Einmal sind die Löslichkeiten
der jeweils infrage kommenden Minerale recht unterschiedlich.
Zum anderen kann SiO_2 bei Zumischung von kaltem Wasser zum Ther-
malwasser wieder ausfallen, außerdem ist die vorausgesetzte Min-
destschüttung von 200 l/min eine ziemlich große Fördermenge einer
Quelle. Aber auch beim Na-K-Ca-Thermometer gibt es systematische
Fehler. Liegt die Thermalquelle innerhalb eines Sedimentbeckens,
so spielt die Salinität der Porenfüllung eine gewichtige Rolle.
Monomineralische Salzlagen können auch zu erheblichen Verfäl-
schungen des Thermometers führen.

Für die Bundesrepublik Deutschland wurde eine Karte erstellt,
in der die Na-K-Ca-Temperaturen dargestellt sind [5.61]. Als
Großstrukturen mit hohen Temperaturen für das Na-K-Ca-Gleichge-
wicht heben sich vor allem der Oberrheingraben ($T = 150^{\circ}$ C) sowie der Schwäbische und Fränkische Jura ($T = 100^{\circ}$ C) von der Umgebung ab. Weil die Temperaturen keine Rückschlüsse auf die
Tiefe zulassen, in der sich das Lösungsgleichgewicht eingestellt
hat, kann aufgrund dieser Daten allein nicht geklärt werden, ob
sich bestimmte Thermalquellen in einer geothermischen Anomalie
befinden oder nicht. Erst die Zuhilfenahme von Wärmeflußdichte
und Wärmeleitfähigkeit (vgl. Abschn. 5.1.1.1) ermöglichen eine
Abschätzung der Gleichgewichtstiefe.

5.1.2 _Isotopenverhältnisse als Geothermometer_

Die Fraktionierung stabiler Isotope verschiedener Elemente in
Flüssigkeiten, Mineralen und Gesteinen ist in letzter Zeit wegen
der Temperaturabhängigkeit des Fraktionierungsfaktors als bedeu-
tendes Geothermometer erkannt worden [5.28, 5.44]. Es werden
hauptsächlich Isotopenverhältnisse (R) der Elemente Wasserstoff
(D/H), Kohlenstoff (C^{13}/C^{12}), Sauerstoff (O^{18}/O^{16}) und Schwefel
(S^{34}/S^{32}) zur Temperaturbestimmung genutzt. Mit Hilfe massen-
spektroskopischer Analysen werden die Verhältniszahlen ermittelt. Dabei muß angenommen werden, daß die analysierten Komponenten den Gleichgewichtszustand einer Isotopenaustauschreaktion
widerspiegeln, wie beispielsweise denjenigen der Sauerstoff-
austauschreaktion

$$H_2O^{18} + \frac{1}{2} CO_2^{16} \rightleftharpoons H_2O^{16} + \frac{1}{2} CO_2^{18}$$

Im natürlichen Sauerstoff sind die Isotope im Mittel wie folgt
verteilt:

$$O^{16} \text{ zu } 99,8 \text{ \%}$$
$$O^{17} \text{ zu } 0,04 \text{ \%}$$
$$O^{18} \text{ zu } 0,2 \text{ \%}$$

Als Fraktionierungsfaktor α gilt [5.44]:

$$\alpha = (O^{18}/O^{16})_{CO_2} \Big/ (O^{18}/O^{16})_{H_2O} = R_{CO_2}/R_{H_2O} \qquad (5.9)$$

und die Temperaturabhängigkeit von $\alpha = \alpha(T)$ wird beschrieben durch

$$\alpha \sim \exp(x_1/T^{x_2}). \qquad (5.10)$$

x_1 und x_2 sind Konstante mit $x_2 = 2$ für hohe Temperaturen und $x_2 = 1$ für niedrige. Die experimentellen Ergebnisse zeigen mit $x_2 = 2$ eine gute Proportionalität.

Die Isotopenverhältnisse (R) werden mit derjenigen von standardisierten Proben (R_{Std}) verglichen, und der Quotient

$$\delta[\permil] = (\frac{R}{R_{Std}} - 1)\ 10^3 \qquad (5.11)$$

wird in Promille angegeben.

Die logarithmierte Form der Gleichung (5.9) läßt sich mit den Gleichungen (5.10) und (5.11) schreiben:

$$x_1/T^{x_2} \sim \ln \alpha = \ln(10^{-3}\ \delta_{CO_2}+1) - \ln(10^{-3}\ \delta_{H_2O}+1).$$

Da $10^{-3}\delta \ll 1$, kann die Reihenentwicklung des Logarithmus nach dem 1. Glied abgebrochen werden:

$$10^3 x_1/T^{x_2} \sim 10^3 \ln \alpha + x_3 = \delta_{CO_2} - \delta_{H_2O}. \qquad (5.12)$$

x_i (i = 1,2,3) sind Konstante. Die Differenz der relativen Isotopenverhältnisse ist nach Gleichung (5.12) umgekehrt proportional der Temperatur (T^{x_2}).

Zur Berechnung der Gleichgewichtstemperatur (T) im $CaCO_3$-H_2O-System für kalkhaltige Schalen von Meerestieren wird folgende Bestimmungsgleichung angegeben [5.17]:

$$T\ [^{O}C] = 16,5 - 4,3(\delta_C - \delta_W) + 0,14(\delta_C - \delta_W)^2 \qquad (5.13)$$

mit den relativen Sauerstoff-Isotopenverhältnissen im CO_2, das zum einen aus $CaCO_3$(δ_C) stammt und das zum anderen mit Wasser (δ_W) dem Gleichgewicht der Isotopenaustauschreaktion des CO_2-H_2O-Systems entspricht. Die Temperaturempfindlichkeit der Differenz der δO^{18}-Werte beträgt etwa 0,2 Promille/^{O}C. Die Anwendbarkeit dieser Methode ist jedoch auf Bestimmungen von Ozeantemperaturen beschränkt.

Ähnlich definitive Gleichungen zur Berechnung von Bildungstemperaturen der Krustengesteine gibt es nicht. Jedoch können wichtige Aussagen zur Genese von Gesteinen gemacht werden [5.44]. So haben beispielsweise die plutonischen Granite höhere δO^{18}-Werte als ihre äquivalenten Extrusiva [5.53]. Die Gründe dafür könnten sein, daß die Intrusiva aus O^{18}-reicheren Edukten wie Sedimentgesteinen hervorgegangen sind und/oder eine magmatische Differentiation bei niedrigerer Temperatur stattgefunden hat. Die O^{18}-Analysen von Metamorphiten ergeben, daß die Serpentinisierung von Olivin innerhalb eines breiten Temperaturintervalls erfolgen kann, beginnend bei Temperaturen der Erdoberfläche. Nach den Gleichgewichtstemperaturen der Isotopenaustauschreaktionen [5.44] bildet sich bei niedrigen Temperaturen Chrysotil (Faserserpentin), und wenn die Wasseraufnahme bei höheren Temperaturen ($200 - 400^\circ$ C) erfolgt, bildet sich Antigorit (Blätterserpentin).

Die Metamorphite der Epizone sind in der Regel reicher an O^{18} als diejenigen der Meso- bzw. Katazone und spiegeln damit einen Zusammenhang wider, nach dem sich der O^{18}-Gehalt umgekehrt proportional zur Temperatur verhält.

Die Isotopenverhältnisse von Schwefel werden auch als Geothermometer genutzt [5.42]. Von den Schwefelisotopen sind S^{32} mit ca. 95 % Anteil im natürlichen Schwefel das häufigste Isotop und S^{34} mit ca. 4 % das nächstverbreitetste. Das Verhältnis beider Isotope (S^{34}/S^{32}) ist jedoch von sehr vielen Faktoren abhängig. Außer pH-Wert und Sauerstoff-Partialdruck spielen im niedertemperierten Bereich auch noch biogene Faktoren eine wesentliche Rolle, deren Einflüsse die Temperaturabhängigkeit der Isotopenaustauschreaktionen weit übertreffen. Für verschiedene sulfidische Erzminerale ist es jedoch gelungen, die Gleichgewichtstemperaturen der Isotopenaustauschreaktionen anzugeben [5.42]. In Abb. 5.3 ist der Fraktionierungsfaktor α in Abhängigkeit von der Temperatur für zwei Sulfid-Paare (Zinkblende-Bleiglanz, Pyrit-Zinkblende) dargestellt. Zugrunde liegt die Annahme, daß sich die Erze gleichzeitig aus einer hydrothermalen Lösung gebildet haben, die sich im Gleichgewichtszustand befand. Die Temperatur entspricht dann der Bildungstemperatur der Erze in Analogie zu Gleichung (5.12).

5.1.3 *Spurenelemente in Salzen und Erzen*

Bei der Auskristallisation von Mineralen aus einer fluiden Phase können Fremdionen ins Kristallgitter eingebaut werden. Die Ersetzbarkeit von Gitterbausteinen durch Fremdionen wird Diadochie genannt. Je geringer die Unterschiede der kristallchemischen Eigenschaften zweier sich vertretender Bausteine sind, desto größer ist die Neigung zur Austauschbarkeit, die in der Mischkristallbildung am ausgeprägtesten ist. Es können im Olivin, der aus dem Eisensilikat Fayalith (Fe_2SiO_4) und dem Magnesiumsilikat Forsterit (Mg_2SiO_4) besteht, beliebige Mengen Magnesiumionen durch Eisenionen ersetzt werden. Dagegen ist die Aufnahmefähigkeit von Bromionen im Steinsalzgitter wesentlich

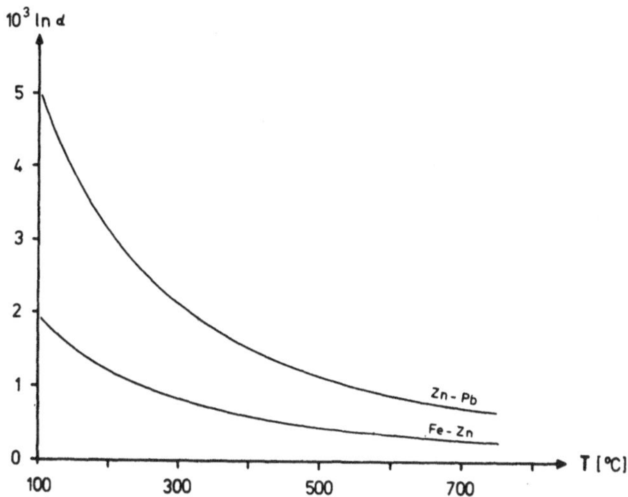

Abb. 5.3.　Abhängigkeit des Fraktionierungsfaktors α von der
Temperatur für die Sulfid-Paare:
Zn-Pb　Zinkblende/Bleiglanz
Fe-Zn　Pyrit/Zinkblende
nach [5.42]

geringer. Können nur kleine Mengen diadoch vertauscht werden,
weil z.B. die Ionenradien zu verschieden sind, so spricht man
von Spurenelementen im Kristall. Die Vertauschbarkeit von Teilchen unterschiedlicher Größe ist abhängig vom mittleren Teilchenabstand im Gitter, so daß bei einer hohen Temperatur mit
einem größeren mittleren Teilchenabstand der Gehalt an Spurenelementen größer sein kann als bei niedriger Temperatur. Mit
dieser Eigenschaft ist der Gehalt an Spurenelementen in einem
Kristall als Geothermometer geeignet.

Ist m_1 der Molenbruch des Spurenelements in der fluiden Phase
und m_2 derjenige im Kristall, so ist innerhalb eines bestimmten Intervalls m_2 proportional m_1

$$m_2 = C\,m_1. \qquad (5.14)$$

C ist die Steigerung in der linearen Beziehung und wird Verteilungskonstante genannt. Kristallisiert aus ein und derselben
fluiden Phase gleichzeitig ein zweites Mineral, das das gleiche
Spurenelement in sein Kristallgitter aufnimmt, läßt sich m_1 in
Gleichung (5.14) eliminieren.

Für beide Minerale gilt dann

$$m_{21}/C_1 \;=\; m_{22}/C_2$$

Mit Gleichung (5.1), die die Temperaturabhängigkeit der Verteilungskonstante beschreibt, ergibt sich für geringe Spurenelementgehalte und mit den Konstanten x_i (i=1,..,6):

$$\ln m_{21} + x_1/T + x_2 = \ln m_{22} + x_3/T + x_4 \qquad (5.15)$$

Somit ist [5.58]:

$$\ln (C_1/C_2) = \ln (m_{21}/m_{22}) = x_5/T + x_6 \qquad (5.16)$$

Gleichung (5.16) gibt die Temperaturabhängigkeit der Spurenelementkonzentration an. Dabei wird angenommen, daß die Konzentrationen des betrachteten Spurenelementes in den jeweiligen Mineralen gering sind und daß bei konstanter Temperatur ein Gleichgewichtszustand in den Systemen: (1. Mineral) - (fluide Phase) und (2. Mineral) - (fluide Phase) aufrecht erhalten wurde.

Als Beispiel solcher Geothermometer sollen die Bromgehalte im Steinsalz (NaCl) und Sylvin (KCl) für niedrigere Temperaturen dienen und sowohl der Mangan- wie auch der Kadmiumgehalt in den Erzen Wurtzit (ZnS) und Bleiglanz (PbS) für höhere Bildungstemperaturen.

Bei der Abschnürung von Meerwasserbecken konzentriert sich durch Verdunstung der Salzgehalt in der Restlösung immer mehr,bis schließlich die Sättigungsgrenze erreicht ist und sich Salze ausscheiden. Bei sulfatfreiem Wasser bildet sich Steinsalz (NaCl) und bei höheren Konzentrationen der Mutterlauge auch Sylvin (KCl). Der Beginn der Sylvinbildung und damit die Löslichkeit des Sylvins sind stark temperaturabhängig. Bei 0° C beginnt die Kristallbildung nach ca. 55-facher Konzentration des Meerwassers und bei 25° C erst bei 64-facher [5.7]. Sind Bromionen im Wasser, werden sie entsprechend den Verteilungskonstanten diadoch in die Kristallgitter von Steinsalz und Sylvin eingebaut. Das Verhältnis der Verteilungskonstanten beider Minerale ist jedoch im hier relevanten Temperaturbereich ziemlich konstant [5.10], so daß eine Temperaturbestimmung nach Gleichung (5.16) einen weit größeren Fehler besitzt als eine Temperaturangabe, die sich aus der Löslichkeit des Sylvin ergibt. In Gleichung (5.14) sind sowohl die temperaturabhängige Verteilungskonstante C = C(T) aus Labormessungen bekannt als auch die Konzentration des Broms im Meerwasser (m_1). Der Bromgehalt im Kern des Sylvinkristalls ergibt die Konzentration (m_2) bei Kristallisationsbeginn. Abb. 5.4 zeigt die Temperaturabhängigkeit des Bromgehaltes in Sylvin. Der Bromgehalt im Sylvin und Steinsalz verhält sich wie 10 : 1 und ist nicht nur von der Temperatur, sondern von weit mehr Faktoren abhängig, wie beispielsweise von der Zusammensetzung der Mutterlauge und der Tiefe der über dem Salz stehenden Lauge [5.7].

Zur Ermittlung von höheren Bildungstemperaturen bestimmter Erzlagerstätten kann der diadoche Einbau von Spurenelementen in die Kristallgitter verschiedener Erze dienen [5.6]. Es soll hier nur ein Beispiel aufgezeigt werden, nämlich die temperaturabhängige Diadochie von Zink durch Mangan im Wurtzit (ZnS) sowie von Blei durch Kadmium im Bleiglanz (PbS).

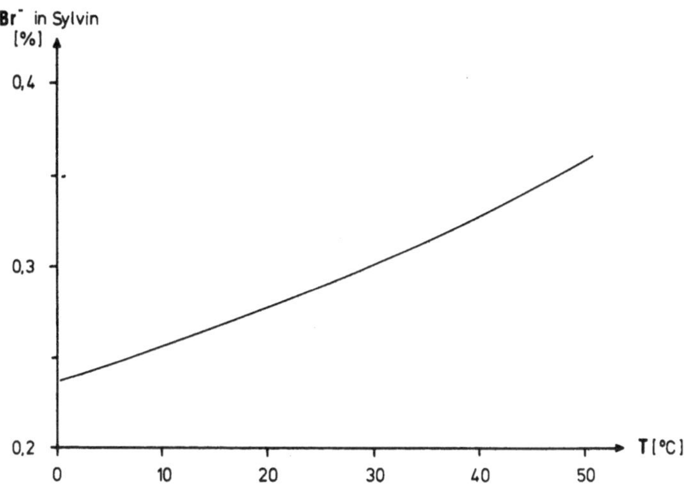

Abb. 5.4. Temperaturabhängigkeit des Bromgehaltes in Sylvin
(KCl) nach [5.58]

Beide Minerale müssen einer Paragenese zugehören, um die Voraussetzungen zu erfüllen, daß sie sich aus einer fluiden Phase
gleichbleibender Zusammensetzung bei ein und derselben Temperatur gebildet haben. Mit diesen Voraussetzungen können die
Gleichungen (5.14) und (5.16) angewandt werden. Wird das Verhältnis der Verteilungskonstanten mit R bezeichnet, so ergibt
sich

$$\log R = \log(C_1/C_2) = \log(m_1/m_2) = x_1/T + x_2. \qquad (5.17)$$

Das Verhältnis C_1/C_2 ist experimentell bestimmbar, so daß die
Konstanten x_1, x_2 bekannt sind. Aus dem Verhältnis der Molenbrüche m_1/m_2, das zur Berechnung der Bildungstemperatur einer
Wurtzit-Bleiglanz-Paragenese analytisch erfaßt wird, läßt sich
die Temperatur T ermitteln.

Die Bestimmungsgleichungen [5.6] haben folgende Form für die
Spurenelemente

$$\text{Kadmium:} \qquad T \; [^{\circ}K] = \frac{2580}{\log R_{Cd} + 1,83} \qquad (5.18)$$

$$\text{Mangan:} \qquad T \; [^{\circ}K] = \frac{1890}{\log R_{Mn} + 0,74} \qquad (5.19)$$

Diesen Gleichungen liegt nicht nur die Annahme einer gleich-
zeitigen Mineralbildung von Wurtzit und Bleiglanz zugrunde,
sondern auch die in Gleichung (5.14) angegebene Proportionalität der Molenbrüche, die nur innerhalb eines Konzentrationsin-
tervalls der Spurenelemente gültig ist [5.58].

5.1.4 _Das Granat-Pyroxen-Thermometer_

Als Temperaturindikatoren der unteren Kruste und des oberen Erdmantels werden vielfach die chemischen Zusammensetzungen bestimmter Minerale genutzt, von denen angenommen werden kann, daß
sie aus einer Gleichgewichtsreaktion hervorgegangen sind. Boten
aus dem Erdinnern können Metamorphite (z.B. Eklogit) sein oder
auch Einschlüsse in Alkalibasalten und in Kimberliten.

Mit Hilfe der experimentell bestimmten Mischbarkeit verschiedener Phasen unter definierten Temperatur- und Druckbedingungen
wird aus der analytisch festgestellten Zusammensetzung natürlicher Gesteine oder einzelner Mineralphasen auf die Bildungsbe-
dingungen geschlossen. Häufige Anwendung finden die Diopsid-
Enstatit-Mischbarkeit [5.41], die Löslichkeit von Aluminium in
Enstatit [5.40] und die Eisen-Magnesium-Austauschreaktion im
Granat-Klinopyroxen-System [5.5, 5.30, 5.46]. Da die Gleichge-
wichtsreaktionen sowohl von der Temperatur als auch vom Druck
beeinflußt werden, sind als Geothermometer solche Reaktionen am
besten geeignet, die möglichst druckunempfindlich sind, wie die
folgende:

$$Fe_3^{2+}Al_2 \, [Si \, O_4]_3 + 3 \, Mg \, Ca \, Si_2 \, O_6 \; \rightleftharpoons$$

$$\text{(Granat)} \qquad\qquad \text{(Klinopyroxen)}$$

$$Mg_3 \, Al_2 \, [Si \, O_4]_3 + 3 \, Fe^{2+}Ca \, Si_2 \, O_6$$

$$\text{(Granat)} \qquad\qquad \text{(Klinopyroxen)}$$

Bei dieser Reaktion ändern sich die Fe-Mg-Verhältnisse im Granat
und im Pyroxen, und der Quotient aus beiden ist als Verteilungskoeffizient (K_D) definiert:

$$K_D = \frac{(Fe^{2+}/Mg^{2+})_{Granat}}{(Fe^{2+}/Mg^{2+})_{Pyroxen}} \qquad\qquad (5.20)$$

Die Temperatur (T)- und Druck (p)-Abhängigkeit des Verteilungskoeffizienten wird approximativ beschrieben durch [5.46]

$$K_D = f(T,p) = \frac{x_1}{T} + \frac{x_2}{RT} \, (p - p_0) + x_3 \qquad (5.21)$$

mit den Konstanten x_1, x_2, x_3 und der Allgemeinen Gaskonstanten (R). Die Gleichung (5.21) gibt an, daß der Verteilungskoeffizient bei steigender Temperatur abnimmt und sich genau umgekehrt dem Druck gegenüber verhält.

Nach einer anderen Approximation beträgt die partielle Ableitung
nach dem Druck bei konstanter Temperatur

$$\frac{\partial (\ln K_D)}{\partial p} = \frac{\Delta V}{RT} \qquad (5.22)$$

mit ΔV der Volumenänderung pro Mol. In der angegebenen Granat-Klinopyroxen-Reaktion ist die Volumenänderung klein, so daß der Druckeinfluß auch entsprechend gering ist.

Einen weiteren, aber analytisch kaum erfaßbaren Einfluß hat die chemische Zusammensetzung des gesamten Gesteins, in dem die Granate und Klinopyroxene enthalten sind. Die experimentell untersuchten, meist reinen Phasen sind nur mit Einschränkung auf natürliche Systeme übertragbar. Zur Korrektur der natürlichen Proben auf eine normierte chemische Zusammensetzung des Gesteins sind die bisherigen Untersuchungen noch nicht ausreichend. Die Substitution beispielsweise von Aluminium durch Titan im Klinopyroxen beeinflußt den Verteilungskoeffizienten unwesentlich, hingegen ist der Einfluß von größeren Mangan- bzw. Kalziumgehalten nicht vernachlässigbar [5.30]. Experimentelle Untersuchungen an komplexen synthetischen Systemen führten zu einer Bestimmungsgleichung der Reaktionstemperatur [5.46], die für ein breites Intervall des Magnesium-Eisen-Verhältnisses gültig und direkt anwendbar auf Gesteine ist, die im wesentlichen aus Granat und Klinopyroxen bestehen.

Mit Hilfe dieser Bestimmungsgleichung

$$T \ [^{\circ}C] = \frac{3686 + 28{,}35 \ p \ [\text{kbar}]}{\ln K_D + 2{,}33} - 273 \qquad (5.23)$$

kann die Temperatur des Reaktionsgleichgewichtes ermittelt werden, wenn der Verteilungskoeffizient und der Druck angegeben werden können. Diese Gleichung gilt für Magnesium-Eisen-Anteile im Bereich

$$0{,}062 < \frac{Mg^{2+}}{Mg^{2+} + Fe^{2+}} < 0{,}85$$

und kann auf Eklogite und Granat-Pyroxenite direkt angewendet werden. Hingegen erscheint die Anwendbarkeit auf ultrabasische Einschlüsse in Basalten zumindest fraglich, weil die Einwirkungen von Olivin, Orthopyroxen, Spinell und Amphibol auf den Verteilungskoeffizienten nicht genau genug bekannt sind [5.31].

Die Genauigkeit des Granat-Pyroxen-Thermometers wird mit $\pm$ 20 % bei der Druckbestimmung und $\pm$ 5 % bei der Temperaturermittlung angegeben [5.9]. Die Bestimmungsgleichung (5.23) ist in Abb. 5.5 graphisch dargestellt mit dem Druck als Parameter.

Eine andere experimentell ermittelte Abhängigkeit des Verteilungskoeffizienten von Temperatur und Druck wird auf Granat-Pyroxen-Einschlüsse in Alkalibasalten und auf alpinotype Peridotite angewandt [5.30]. Die festgestellten niedrigen K_D-Werte lassen auf hohe Gleichgewichtstemperaturen der Austauschreaktion für diese Gesteine schließen, die mit $T \leqslant 1100^{\circ}$ C angegeben werden.

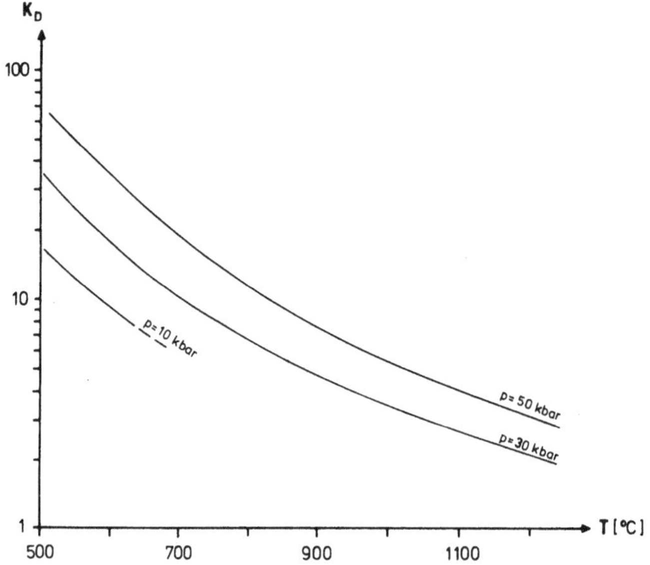

Abb. 5.5. Temperaturabhängigkeit des Verteilungskoeffizienten K_D mit dem Druck als Parameter für das Granat-Pyroxen-Thermometer nach [5.46]

Es ist jedoch nicht möglich, aus den Einschlüssen in Alkalibasalten und Kimberliten eine allgemeine Temperaturverteilung im Erdinnern zu ermitteln. Die Xenolithe sind in thermisch anomalen Zonen der Magmenbildung entstanden und können nicht mit einer regionalen Temperaturverteilung im Erdmantel verglichen werden [5.31].

5.1.5 Der Inkohlungsgrad organischer Einschlüsse in Sedimentgesteinen

Bei der Ablagerung von Sedimenten werden häufig auch Partikel von Pflanzen mit eingeschwemmt, die bei der Absenkung der Sedimente verändert werden. Zunächst wird unter der Wirkung der Auflast durch rein mechanische Wirkung das Wasser zum größten Teil herausgepreßt und nach Erreichen größerer Tiefen, d.h. etwa ab 500 - 1000 m Tiefe, setzen chemische Veränderungen ein, die die Pflanzenteile in Braunkohle und bei immer weiter fortschreitender Versenkung über Steinkohle, Anthrazit schließlich bis zu Graphit umwandeln können. Die organischen Partikel sind meist dispers im Sedimentgestein verteilt. Nur in Ausnahmefällen sind sie so angehäuft, daß sie Kohleflöze bilden.

Die verschiedenen Bezeichnungen der Kohle sind ein qualitatives Maß für den Inkohlungsgrad der Partikel. Zur quantitativen Erfaßbarkeit des Inkohlungsgrades könnten chemische Kriterien benutzt werden, jedoch hat sich die optische Bestimmung des Reflexionsvermögens der organischen Substanzen als ein sehr geeignetes Maß des Inkohlungsgrades erwiesen, weil zu seiner Bestimmung Teilchen der Größenordnung 10^{-3} mm ausreichend sind und außerdem die Methode für die Partikel zerstörungsfrei ist [5.54].

Die Wirkung des Druckes auf die organische Substanz bleibt wahrscheinlich auf die mechanische Verdichtung der Substanz selbst beschränkt. Eine Druckempfindlichkeit des Inkohlungsgrades ist nicht eindeutig nachgewiesen.

Einen bedeutenden Einfluß hat hingegen die Temperatur auf den Ablauf der chemischen Reaktionen während des Inkohlungsfortschrittes. Die Temperaturabhängigkeit der Geschwindigkeitskonstanten (k) beträgt nach der modifizierten ARRHENIUS-Gleichung

$$\frac{d(\ln k)}{dT} = \sum_{i=1}^{n} \frac{E_i}{RT^2} \tag{5.24}$$

mit E_i (i = 1,...,n) den Aktivierungsenergien der n möglichen Reaktionen und R der Allgemeinen Gaskonstanten.

Die Gleichung (5.24) zeigt an, daß für niedrige Temperaturen eine viel größere Geschwindigkeitskonstante beim Ablauf einer bestimmten Reaktion vorherrscht als für höhere Temperaturen. Für die insgesamt umwandelbare Masse gleicher chemischer Zusammensetzung (m_0) kann approximativ angenommen werden, daß nach einer Zeit t nur noch die Masse (m) vorhanden ist:

$$\ln m = \ln m_0 - k\,t. \tag{5.25}$$

Die Temperatur und die Zeit sind daher diejenigen physikalischen Größen, die den Inkohlungsablauf im wesentlichen beeinflussen, und darauf bauen verschiedene Auswertemethoden des Inkohlungsgrades für geothermische Fragen auf [z.B. 5.14, 5.35, 5.39, 5.56]. Bei diesen Methoden werden Temperatur-Zeit-Funktionen erstellt, die in Beziehung zum Inkohlungsgrad gesetzt werden. Die Inkohlungstemperatur ist der direkten Messung im allgemeinen nicht zugänglich, weil sie sich in vielen Fällen seit Abschluß der Inkohlung verändert hat, wie z.B. im Ruhrgebiet oder über dem Bramscher Intrusiv. Die Inkohlung kann nur in Ausnahmefällen isotherm verlaufen. Nicht nur ein sich abkühlender Intrusivkörper verändert die Temperaturen in den ihm benachbarten Gesteinsschichten, sondern Krustenhebungen und -senkungen tragen zu immerwährenden Änderungen in den Reaktionstemperaturen der organischen Substanz bei. Die mit der Hebung verbundene Abkühlung eines Teilchens verzögert oder stoppt sogar die Reaktion, während sich bei einer Absenkung die stetige Temperaturzunahme durch Erhöhung des Inkohlungsgrades auswirkt. Wegen der zeitlichen Abhängigkeit der Inkohlungsreaktionen (Gl. 5.25) ist eine schnelle Anpassung an eine höhere Reaktionstemperatur nicht möglich, so daß die Zeitdauer (t), die ein organisches Partikel unter der Einwirkung einer bestimmten Temperatur verbracht hat, eine gewichtige Rolle spielt.

Korrelationsuntersuchungen haben gezeigt, daß das Quadrat des
mittleren optischen Reflexionsvermögens (R_m) des Vitrinits bzw.
Humits unter Öl dem Temperaturgradienten und der Versenkungsgeschichte proportional ist [5.13, 5.14]:

$$R_m^2 = f \ (\ dT/dz \ ) \int_0^{t_1} z(t) \ dt \ . \qquad (5.26)$$

Vitrinit und Humit sind im Mikroskop unterscheidbare Mazeralgrup-
pen der humösen Bestandteile. Das mittlere Reflexionsvermögen
liegt etwa im Intervall $0,2 < R_m < 5$ %. Bei Graphit, mit dem maximal möglichen Inkohlungsgrad, kann es noch höher sein.

Das Integral aus der Versenkungsgeschichte eines bestimmten organischen Teilchens bis zu der Teufe $z = z(t_1)$, aus der die
Probe für die Reflexionsmessung entnommen wurde, wird aus Bohr-
lochdaten errechnet, indem aus dem Bohrprofil die Versenkungs-
kurve konstruiert wird.

Die Versenkungsgeschichte ist häufig in ihrem gesamten Ablauf
nicht genau bekannt, sondern nur für einen Zeitraum $t' \leqslant t \leqslant t_1$,
wie beispielsweise im Ruhrgebiet, so daß die zeitliche Integra-
tion erst zum Zeitpunkt t' begonnen werden kann, von dem an die
Zeitabfolge der Versenkung bekannt ist.

Das Integral über den Zeitraum $0 \leqslant t \leqslant t'$ ist jedoch eine Konstante (c), mit der die Gleichung (5.26) folgende Form annimmt:

$$R_m^2 = f \ (\ dT/dz \ ) \ [\ c + \int_{t'}^{t_1} z \ (t) \ dt \ ] \qquad (5.27)$$

In der für eine bestimmte Bohrung errechneten Konstante c können
weitere Einflüsse auf den Inkohlungsgrad enthalten sein:

- der Temperatur- und Zeiteinfluß während Aufwölbungen und Wie-
  derversenkungen,

- lange Stillstandszeiten, in denen zwar anfänglich der Inkohlungsgrad in entsprechenden Tiefen weiter zunimmt, aber sich
  bald vom maximal erreichbaren Inkohlungsgrad bei der entsprechenden Temperatur nur unwesentlich unterscheidet.

Neben der Versenkungsgeschichte als eine Variable in Gleichung
(5.26) ist die Eichfunktion $f = f(dT/dz)$ als zweite Variable
zu bestimmen. Der Vereinfachung wegen wird die Eichfunktion in
der Schnittebene $R_m = 1,0$ % betrachtet, und der Integralwert bei
diesem Reflexionsvermögen wird I genannt:

$$I = \int_0^{t_1} z(t) \, dt \Bigg]_{R_m=1} \qquad\qquad (5.28)$$

Anhand geeigneter Bohrungen mit bekannten Temperaturgradienten und ermittelten I-Werten ergibt sich die Bestimmungsgleichung für den Temperaturgradienten [5.14]

$$dT/dz \quad [^{\circ}C/km] = 98{,}7 - 14{,}6 \ln I \; [km \cdot Mill.J.] \,. \qquad (5.29)$$

Die Anwendung dieser Gleichung auf die gut bekannten Inkohlungsverhältnisse im mittleren Oberrheingraben ergibt eine geothermische Geschichte für dieses Gebiet (Abb. 5.6), die in Relation zur vulkanischen Aktivität im Rheingraben und angrenzender Gebiete steht [5.13, 5.14]. In der älteren thermischen Geschichte des Rheingrabens war neben der rezenten geothermischen Anomalie ein weiteres Maximum im Temperaturgradienten ($dT/dz = 70^{\circ}$ C/km) vorhanden, das evtl. von der Grabenbildung im Eozän bis ins Unteroligozän wirksam war, und danach ist der Temperaturgradient auf ein niedrigeres Niveau ($dT/dz \approx 40 - 50^{\circ}$ C/km) abgeklungen. Der gegenwärtig wieder höhere Gradient hat die Inkohlungsverhältnisse im Oberrheingraben noch nicht merklich beeinflußt [5.13, 5.14, 5.55].

Der Inkohlungsgrad spiegelt bei genug langer Einwirkzeit stets die maximalen Temperaturverhältnisse wider, so daß eine zeitliche Änderung im Temperaturgradienten nur dann in einem Inkohlungsprofil sichtbar wird, wenn der Temperaturgradient in der Vergangenheit nicht kleiner war als der nachfolgende. Daher läßt sich über den Beginn der Zunahme des Temperaturgradienten im Rheingraben keine Aussage machen.

Ein weiteres Beispiel zur thermischen Entwicklung eines Gebietes bieten die Untersuchungen im Raum Urach [5.15], wo sich eine Anomalie in der Wärmeflußdichte befindet. Die vorhandenen inkohlten organischen Teilchen aus den Sedimentgesteinen der Jura-, Trias-, Perm- und Karbonzeit sind nicht nur bedeutend älter, sondern umfassen auch einen weit größeren geologischen Zeitraum als die tertiären des Oberrheingrabens. Der errechnete Temperaturgradient von $dT/dz = 46^{\circ}$ C/km prägte wahrscheinlich während der größten Versenkung der Schichten in der Malm-Zeit den Inkohlungszustand. Der hohe Temperaturgradient könnte auch noch in der Kreidezeit und im Alttertiär vorgeherrscht haben, bevor die Hebung einsetzte. Der gegenwärtige Temperaturgradient von $dT/dz = 45^{\circ}$ C/km [5.60] entspricht dem paläogeothermischen Gradienten. Es ist jedoch kaum vorstellbar, daß der Temperaturgradient über geologisch so lange Zeiten konstant gewesen sein soll und überdies auch noch die Hebungsphase überdauerte, es sei denn, die ihn verursachende Wärmequelle liegt sehr tief und ist dann, wenn sie sich schon bis zur Erdoberfläche durchpaust, zeitlich sehr konstant. Als Begleiterscheinung einer solch tiefliegenden Wärmeanomalie könnten die Basaltschlote im Uracher Raum angesehen werden.

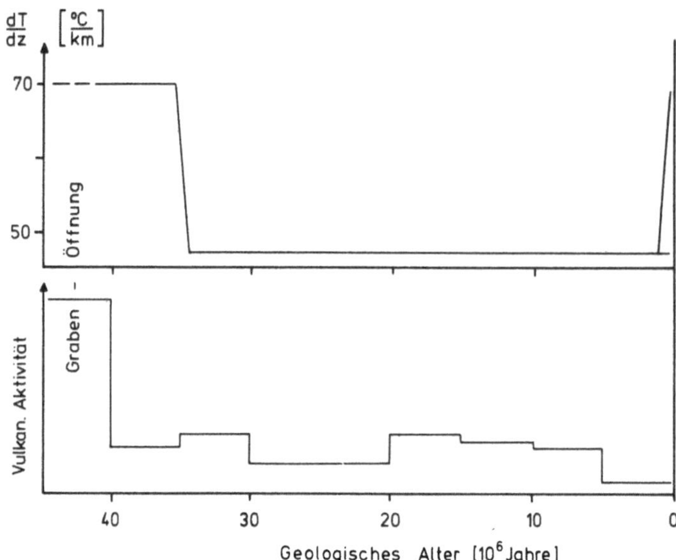

Abb. 5.6. Geothermische Geschichte des mittleren Oberrheingrabens und vulkanische Aktivität im Bereich des Oberrheingrabens nach [5.13]

Die Übereinstimmung der gegenwärtig hohen Wärmeflußdichte bei
Urach mit der Paläo-Wärmeflußdichte dieses Gebietes läßt die
Vermutung aufkommen, die schwäbische Anomalie und die Anomalie
im Oberrheingraben haben dieselbe tiefreichende Wurzel. In diesem Fall ist eine genaue Datierung des hohen paläogeothermischen Gradienten möglich. Die hohe Wärmeflußdichte könnte zu Beginn der Absenkung bereits vorgeherrscht haben. In Analogie
zum Oberrheingraben könnte die Anomalie bei Urach im Alttertiär
abgeklungen sein und stieg in jüngster Zeit wieder auf das
vielleicht zufällig alte Niveau.

5.2 Geophysikalische Methoden der Temperaturbestimmung

Das Thermometer als Meßgerät der Temperatur ist nur im oberflächennahen Bereich des Bodens und für den alleroberersten Bereich
der Erdkruste anwendbar, und je nach Aufgabenstellung können
z.B. Quecksilberthermometer, Thermoelemente oder auch Pyrometer
eingesetzt werden. Für Bereiche, für die das Objekt verborgen
bleibt, müssen indirekte Methoden angewandt werden, um die Temperatur ermitteln zu können. Dazu bedient man sich der Temperaturabhängigkeit von physikalischen Eigenschaften der Gesteine wie
der Dichte, der elektrischen Leitfähigkeit, der Schallgeschwindigkeit und weiterer. Durch genaue Messung dieser Größen und ihrer lateralen wie auch vertikalen Variationen im Erdinnern können Rückschlüsse auf die Temperatur gezogen werden.

5.2.1 *Direkte Messung an der Oberfläche und im Bohrloch*

Die Temperatur der Erdoberfläche kann als Strahlungstemperatur
nach dem STEFAN-BOLTZMANN schen Gesetz (Abschn. 4.1.1) aus dem
Spektrum des Infrarotlichtes bestimmt werden. Solche Infrarot-
messungen können von Satelliten oder Flugzeugen aus mit sog.
IR-Scannern gemacht werden [5.24, 5.48]. Die Messungen werden
jedoch nur selten zur Bestimmung von mittleren Bodentemperaturen
benutzt, sondern um z.B. im dichten Urwald Südamerikas die
Flußläufe kartieren zu können oder auch um die Mischung von Was-
serströmungen unterschiedlicher Temperaturen zu erfassen. In wenigen Fällen, wo Thermalwässer mit genügend großer Ergiebigkeit
die Oberfläche erreichen, können die Wärmeanomalien auch als
Anomalien des Erdinnern erkannt werden. Die Einflüsse von Topographie, Vegetation und Sonneneinstrahlung sind so groß, daß
die Wärmeflußdichte aus der Tiefe, die nur etwa 10^{-3} % der Solarkonstante beträgt (Abschn. 4.1.1 und 4.1.5), in einem weiten
Intervall variieren kann, ohne die Oberflächentemperatur meßbar
zu verändern.

Wegen der sich im Tagesrhythmus schnell ändernden Oberflächenbe-
dingungen sind Infrarotmessungen zur Bestimmung von zeitunab-
hängigen Bodentemperaturen schlecht geeignet. Für Bodentempera-
turmessungen müssen Sonden eingesetzt werden, die die zeitlichen
Temperaturänderungen registrieren, um eine geeignete Korrektur
anbringen zu können. Wenn der jahreszeitliche Temperaturgang
vernachlässigbar ist, d.h. wenn die Bodentemperatur nur für einen Zeitraum von wenigen Tagen erfaßt oder nur Temperaturdifferenzen festgestellt werden sollen, genügen Sonden, die den Tagesgang der Temperatur bis in etwa $z = 25$ cm Tiefe zu messen gestatten. Eine Kartierung der Bodentemperaturen mit dem korri-
gierten Tagesgang zeigt die für hydrologische Fragen wichtigen
Temperaturanomalien, die z.B. durch den Aufstieg von Thermalwässern bedingt sind oder auch durch anthropogen verursachte
Temperaturanomalien bei Warmwasserabfluß und Fernheizungen.

Die Temperaturen können mit Bodensonden gemessen werden, die
beispielsweise mit Widerstandsthermometern ausgerüstet sind.
Wegen der mit der Tiefe exponentiell abnehmenden Temperatur im
oberflächennahesten Bereich (Abschn. 4.1.1.1) werden die Temperaturen in Oberflächennähe in geringeren Tiefenintervallen erfaßt als im etwas oberflächenferneren Bereich. Eine solche Sonde
ist in Abb. 5.7 schematisch dargestellt. Die Widerstandsthermo-
meter sind Teil einer Brückenschaltung, und eine geringe Abweichung der Brückenspannung vom Nullabgleich ist der Temperatur
proportional. Aus dem Tagesgang der Temperatur (Abb. 5.8) können nach den Gleichungen (4.4) und (4.5) die Bodentemperaturen
ermittelt werden.

In einer Tiefe von $z = 50$ cm ist die Amplitude des Tagesganges
nach Gleichung (4.5) mit $T_{max}(50)/T_0 < 0,01$ nahezu abgeklungen,
so daß die Temperaturen in etwa dieser Tiefe einfacher erfaßt
werden können, wenn der Boden von der Meßsonde leicht durch-
stoßen werden kann. Je größer jedoch die Meßtiefe für die Temperatur sein soll, desto größer ist der Aufwand für das Bohr-

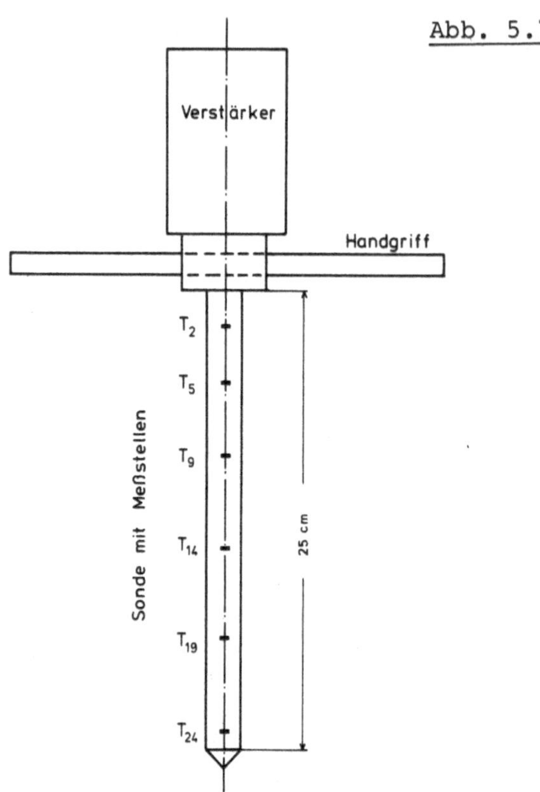

Abb. 5.7. Schematische Darstellung einer Sonde zur Registrierung des Temperaturtagesganges in Abhängigkeit von der Bodentiefe

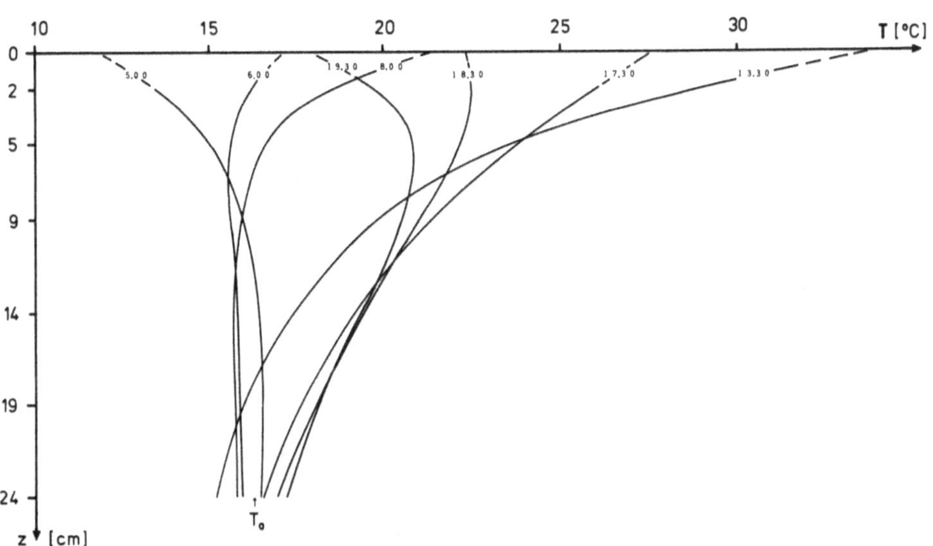

Abb. 5.8. Temperaturtagesgang in Abhängigkeit von der Bodentiefe (14./15.8.79, Clausthal-Zellerfeld)

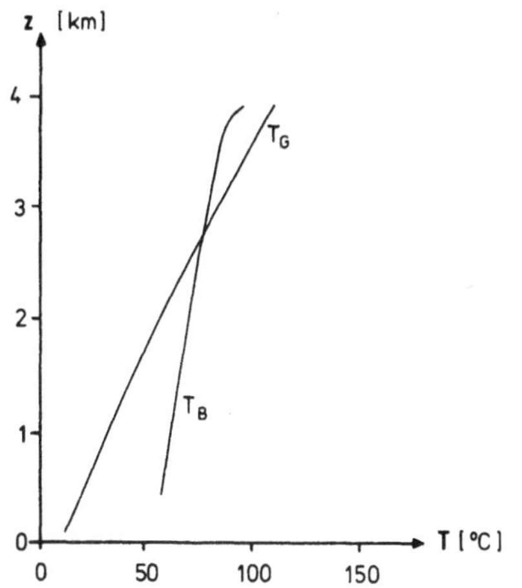

Abb. 5.9. Schematische Darstellung einer Bohrlochmessung (T_B) der Temperatur und der ungestörten (T_G) Temperatur-Tiefenverteilung nach [5.27]

loch. Um Bodentemperaturen zu erhalten, die vom Jahresgang der Temperatur unabhängig sind, müssen die Bohrlöcher etwa 10 - 15 m tief sein [5.38], und die Temperaturen müssen in verschiedenen Tiefen von der Oberfläche ausgehend erfaßt werden.

Bei noch tieferen Bohrlöchern wirkt sich immer mehr die Störung der Gebirgstemperatur durch den Bohrvorgang selbst aus. Die Wasserspülung der Bohrmeißel und die entstehende Wärme beim Zerkleinern des Gesteins erwärmen das Gebirge rund um das Bohrloch. Je nachdem, wie groß der Temperaturgradient an der betreffenden Bohrstelle ist, kehrt sich das Verhältnis von der Spülungstemperatur zur Gebirgstemperatur in einer bestimmten Teufe um, so daß das Gebirge auskühlt, sich die Spülung erwärmt und die Spülung ihrerseits einen Teil der Wärme im oberen Bohrlochbereich wieder abgibt. Es entsteht somit ein Temperaturprofil, das schematisiert in Abb. 5.9 zusammen mit dem ungestörten Temperaturprofil dargestellt ist.

Das ursprüngliche Temperaturfeld stellt sich erst nach sehr langer Zeit ein, und eine Korrektur der Meßwerte ist kaum aussichtsreich, weil die Störung selbst kein definierter, analytisch faßbarer Vorgang ist. Oft wird die Spülung für unbestimmte Zeit unterbrochen, entweder um den Bohrmeißel auszuwechseln oder zu verrohren. Beim Eindringen von Schichtwässern in das Bohrloch oder beim Verlust von Spülung kommt es zu unkontrollierbaren

Temperaturveränderungen im Gebirge, die eine Korrektur sehr erschweren. Die Zeit, die bis zur angenäherten Wiederherstellung des Temperaturgleichgewichtes notwendig ist, kann in der Größenordnung von Monaten liegen. Sie ist hauptsächlich von der Spüldauer, dem Bohrlochdurchmesser und der Temperaturdifferenz zwischen Spülung und Gebirge abhängig.

Eine empirische Methode zur Bestimmung der Gebirgstemperaturen beruht auf der graphischen Auswertung der Temperaturaufbaukurven [5.27]. Dazu werden die Temperaturen an der Bohrlochsohle

nach dem Spülungsstillstand in einer zeitlichen Abfolge z.B.
mittels Quecksilber-Maximumthermometern gemessen und graphisch
die jeweilige asymptotisch erreichbare Temperatur bestimmt.
Diese Methode hat den Nachteil, daß die Temperaturmessungen
während Stillstandszeiten im Bohrbetrieb vorgenommen werden und
kaum später als 1 Tag nach dem Stillstand durchgeführt werden
können. Diese Zeit ist jedoch von der Wiederherstellungszeit
der Gleichgewichtstemperatur so weit entfernt, daß die Gebirgstemperatur bei dieser Methode nur mit großer Ungenauigkeit ermittelt werden kann.

Eine mathematische Methode zur Berechnung der Gebirgstemperaturen im Bohrloch wird von [5.11] angegeben. Das Bohrloch wird als
eine lineare Wärmequelle (Q) angesehen, die im Abstand r von der
Bohrlochachse eine Temperaturstörung ΔT verursacht:

$$\Delta T = \frac{Q}{4 \pi K} \int_{x_1}^{\infty} \frac{e^{-x}}{x}\, dx \quad \text{mit } x_1 = \frac{r^2}{4 \kappa t} \quad \text{und für } 0 \leqslant t \leqslant t_1 \qquad (5.30)$$

K und κ sind die Wärme- bzw. Temperaturleitfähigkeit des Gebirges.

Nach Abstellen der Spülung zur Zeit $t = t_1$ wird eine Wärmesenke
(-Q) gleicher Ergiebigkeit hinzuaddiert, so daß sich für Zeiten
$t \geqslant t_1$ folgende Störung ergibt:

$$\frac{\Delta T}{T_O} = \left(\int_{x_1}^{\infty} \frac{e^{-x}}{x}\, dx - \int_{x_2}^{\infty} \frac{e^{-x}}{x}\, dx \right) \Big/ \int_{x_3}^{\infty} \frac{e^{-x}}{x}\, dx \qquad (5.31)$$

mit T_O der Temperatur an der Bohrlochwand (r = a) zur Zeit
$t = t_1$, $x_2 = \frac{r^2}{4 \kappa (t-t_1)}$ und $x_3 = a^2/(4 \kappa t_1)$. Die Gleichung gilt
wegen der Annahme einer unendlich ausgedehnten linearen Quelle
nicht in der Nähe der Bohrlochsohle. Es läßt sich zeigen, daß
die Störung nur wenige Meter ins Gebirge hineinreicht, je nach
der Größe der einzelnen Parameter.

Für große Zeiten, d.h. für $x_i \ll 1$ kann statt Gleichung (5.31) folgende Approximation [5.11] benutzt werden, die die Störung an
der Bohrlochwand (r = a) angibt:

$$\Delta T/T_O = \ln \left(\frac{t}{t-t_1}\right) \Big/ \left[\ln \left(\frac{4 \kappa t_1}{a^2}\right) - 0{,}577 \right] \qquad (5.32)$$

In Abb. 5.10 ist das Verhältnis $\Delta T/T_O$ dargestellt in Abhängigkeit von der Zeit $t > t_1$ für Bohrlöcher mit

1) $a = 10$ cm, $t_1 = 3$ Monate
2) $a = 6$ cm, $t_1 = 2$ Monate
3) $a = 6$ cm, $t_1 = 1$ Monat

und einer Temperaturleitfähigkeit $\kappa = 10^{-6} \frac{m^2}{s}$.

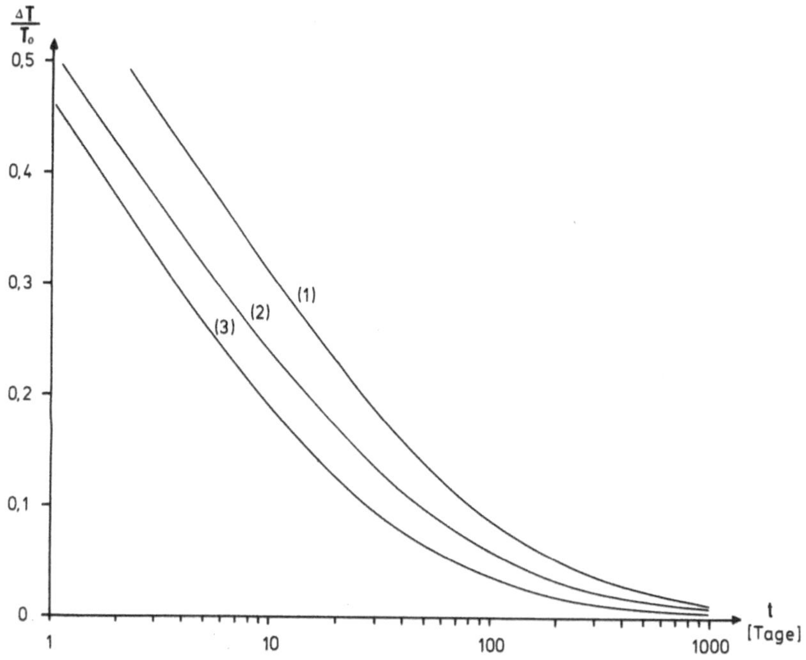

<u>Abb. 5.10.</u> Relative Änderung der Temperatur an der Bohrlochwand nach Beendigung des Bohrvorganges (t = 0) für
die Beispiele
(1) Bohrung a = 10 cm, Bohrdauer t_1 = 90 Tage
(2) a = 6 cm, t_1 = 60 Tage
(3) a = 6 cm, t_1 = 30 Tage

Ohne die Temperatur an der Bohrlochwand direkt nach dem Abstellen der Spülung messen zu müssen, kann Gleichung (5.32) auch
in der Form

$$\Delta T = \frac{Q}{4\pi K} \ \ln \left(\frac{t}{t - t_1}\right) \tag{5.33}$$

benutzt werden [5.16, 5.37].

Häufig werden in Bohrlöchern nach technisch bedingten Unterbrechungen die Temperaturen nur an der Bohrlochsohle gemessen. Da
der Bohrvorgang in der Regel nach ein bis zwei Tagen fortgesetzt
wird, muß die Zeit zur Bestimmung der ungestörten Gebirgstemperatur ausreichend sein. Eine Methode der Temperaturermittlung
geht von einem exponentiell abnehmendem Störeinfluß aus [5.2]:

$$T^i_\infty - T(t) = (T^i_\infty - T^i_0) \ \exp\left\{-c^i(t - t^i_0)\right\} . \tag{5.34}$$

Zu einem Zeitpunkt $t = t^i_0$, dem Beginn eines i-ten Zeitintervalls, werden innerhalb bestimmter Zeitabschnitte mehrmals die

Temperaturen $T = T(t)$ gemessen und sowohl T_∞^i als auch c^i ermittelt. Die c^i konvergieren und verschwinden identisch im stationären Zustand. Der Grenzwert der Temperatur (T_∞) kann graphisch ermittelt werden, indem die T_∞^i in Abhängigkeit von c^i aufgetragen und daraus die ungestörte Gebirgstemperatur für $c = 0$ bestimmt wird.

5.2.2 *Indirekte Verfahren zur Ermittlung der Temperatur*

Die Erhöhung der Meßgenauigkeit geophysikalischer Verfahren zur Bestimmung petrophysikalischer Größen für das Erdinnere und verbesserte Interpretationstechniken sind geeignet, aus der Temperaturempfindlichkeit der zu bestimmenden physikalischen Parameter die Temperatur des Erdinnern selbst zu ermitteln. Die Verfahren der Gravimetrie ergeben Modelle der Dichteverteilung mit eventuellen Inhomogenitäten, die auch temperaturbedingt sein können [z.B. 5.12, 5.33]. Die elektrische Leitfähigkeit sowohl von Sedimentgesteinen wie auch von kristallinen Gesteinen ist temperaturabhängig, so daß Verfahren der Geoelektrik und der Magnetotellurik aus einer Verteilung der spezifischen Widerstände Hinweise auf Temperaturanomalien ergeben können [z.B. 5.29, 5.32]. Das Verschwinden remanenter Magnetisierung bei der CURIE-Temperatur ist eine weitere physikalische Eigenschaft,die zu einer Temperaturangabe für das Erdinnere genutzt wird [5.26]. Nahe des Schmelzbeginns von Gesteinen oder bei Phasenumwandlungen im festen Zustand verringert sich die seismische Geschwindigkeit stark genug, um einen erkannten Geschwindigkeitsgradienten eventuell als Temperatureffekt interpretieren zu können [z.B. 5.22].

Keines der indirekten Verfahren ist für sich allein geeignet, aus den Meßergebnissen eine gesicherte Temperaturverteilung für das Erdinnere zu ergeben. Die physikalischen Parameter sind stark materialabhängig, so daß Temperatureffekte eine untergeordnete Rolle spielen. Erst die kombinierte Betrachtung verschiedener Ergebnisse ermöglicht es, den Temperatureffekt herauszufiltern.

5.2.2.1 *Temperaturermittlung aus gravimetrischen Messungen*

In der Gravimetrie werden lokale Änderungen im Schwerefeld als Dichtedifferenzen im zugrunde liegenden Modell interpretiert. Die Ursachen solcher Dichteunterschiede können zum einen material- oder strukturbedingt sein, z.B. eine Änderung der Porosität, Klüfte bzw. Bruchzonen, und zum anderen können sie temperaturbedingt sein. Es ist jedoch bei der Anwendung der Gravimetrie als indirekte Meßmethode zur Erkundung von Temperaturdifferenzen im Untergrund a priori nicht möglich, aus dem Verlauf eines Schwerefeldes auf eine bestimmte Temperaturverteilung im Untergrund zu schließen. Die Gravimetrie ist dann einsetzbar, wenn detaillierte Kenntnisse zur geologischen Struktur vorliegen und wenn eine Lokalisierung einer thermischen Anomalie bereits im groben möglich ist. Mit diesen Voraussetzungen kann dann eine quantitative Abschätzung der Temperaturverteilung vorgenommen werden. Häufig sind thermische Anomalien, die an der Oberfläche durch Dampf- oder Heißwasserquellen angezeigt sind, mit negativen BOUGUER-Anomalien assoziiert [5.23, 5.43]. Die Ursachen solcher Minima können verschiedenartig sein. Selbst wenn nahezu homogenes Material im Untergrund anzunehmen ist, können Porositätsunterschiede in Bruchzonen den Aufstieg von Thermalwässern aus größeren Tiefen ermöglichen oder bei Horststrukturen mit schichtweise höherer Porosität zur Speicherung von heißen Wässern dienen. Die aus tieferen Schichten aufsteigenden Thermalwässer erwärmen auch die Gesteine, die sie durchdringen, und vergrößern somit den Betrag der negativen Bouguer-Anomalie wegen der abnehmenden Dichte. Die gemessene negative Schwereanomalie (Δg) setzt sich somit aus zwei Anteilen zusammen:

$$\Delta g = \Delta g_{th} + \Delta g_{Por}, \tag{5.35}$$

der temperaturbedingten Anomalie (Δg_{th}) und derjenigen, die der höheren Porosität wegen hervorgerufen wird (Δg_{Por}). Der Anteil Δg_{th} enthält den temperaturabhängigen Term, da die Schwereanomalie einer Dichteänderung ($\Delta \rho$) direkt proportional ist

$$\Delta g_{th} = \gamma \; \Delta \rho \; f(\vec{x}) \tag{5.36}$$

mit der Gravitationskonstante $\gamma = 6{,}67 \cdot 10^{-5}$ mgal cm^{2}g^{-1} und einer Funktion $f = f(\vec{x})$, der Geometrie des Modellkörpers in Abhängigkeit von dem Punkt, in dem die Schwere betrachtet wird.

Die Temperaturerhöhung $T = T_0$ auf $T = T_1$ führt in einem Gesteinsblock der Dichte ρ_0 zur Dichteverminderung $\Delta \rho$

$$\Delta \rho = \rho_0 \, \alpha \, (T_1 - T_0) = \rho_0 \, \alpha \, \Delta T \tag{5.37}$$

mit dem Volumenausdehnungskoeffizient α.

Aus den Gleichungen (5.36) und (5.37) ergibt sich der Zusammenhang:

$$\Delta T = \Delta g_{th} (\gamma \, \rho_0 \, \alpha \, f(\vec{x}))^{-1}. \tag{5.38}$$

Voraussetzungen zur Berechnung der Temperaturdifferenzen sind die Angaben zur thermischen Schwereanomalie und zur Dichteverteilung. Dabei liegt der Dichteverteilung die Kenntnis der geologischen Struktur zugrunde.

Informationen zum geologischen Aufbau und zur Temperaturverteilung können aus Bohrungen und aus Modellrechnungen der BOUGUER-Anomalie erhalten werden. Mit Hilfe der Temperaturverteilung in einer Bohrung und den berechneten Temperaturdifferenzen nach Gleichung (5.38) kann dann die Temperaturverteilung für das betrachtete Gebiet angegeben werden.

Die Aufteilung einer Schwereanomalie in den thermisch bedingten und den strukturbedingten Anteil nach Gleichung (5.35) ist pro-

blematisch. Anhand bekannter Temperaturanomalien hat sich gezeigt, daß der thermisch bedingte Anteil etwa die Hälfte der
festgestellten Anomalie Δg ausmacht.

Zur Erklärung regionaler thermisch bedingter Schwereanomalien,
die große Krustenbereiche und auch den oberen Mantel erfassen,
spielen lokale oberflächennahe Inhomogenitäten in der gemittel-
ten Dichte keine Rolle. In diesem Falle wird die gesamte beobachtete Schwereanomalie als thermisch bedingt interpretiert.

Während die thermisch bedingte Schwereanomalie bei lokalen Temperaturanomalien nur die Größenordnung von $\Delta g \approx -1$ mgal erreicht, liegt sie bei regional und bis in große Tiefe reichen-
den Temperaturdifferenzen bedeutend höher [5.33].

Die BOUGUER-Anomalie wird auf ein bestimmtes Niveau bezogen, so
daß bei großen Änderungen in der Topographie in Höhe des Bezugs-
niveaus horizontale Temperaturdifferenzen vorhanden sind. Die
Temperaturdifferenzen betragen in Meereshöhe am Beispiel der
Alpen $\Delta T \approx 60^{\circ}$ C zwischen Zentralalpen und Alpenvorland und verursachen damit eine thermisch bedingte Schwereanomalie von
$\Delta g_{th} \approx -6$ mgal [5.12].

5.2.2.2 Temperaturermittlung aus geoelektrischen Messungen

Die Verfahren der Geoelektrik ermöglichen es, Unterschiede im
spezifischen Widerstand des Untergrundes zu erfassen. Neben der
Abgrenzung verschiedener Gesteinstypen können auch tektonische
Störungszonen, wie Salz- und Süßwasserhorizonte lokalisiert
werden.

Der spezifische Widerstand für trockene Gesteine liegt etwa im
Bereiche $10^5 < \rho < 10^{18}$ Ωm, hingegen derjenige eines Elektrolyten
zwischen sehr kleinen Werten und einigen 10^2 Ωm. Der spezifische
Widerstand eines porösen, wassergesättigten Gesteins wird daher
im wesentlichen vom spezifischen Widerstand des Elektrolyten und
der Porosität des Gesteins bestimmt.

Zwischen dem spezifischen Widerstand (ρ) und der Porosität (Φ)
eines Gesteins besteht die experimentell ermittelte Beziehung
[5.4]:

$$\rho = \rho_E \; \Phi^{-m} \; S^{-2} \qquad\qquad (5.39)$$

mit dem spezifischen Widerstand des Elektrolyten ρ_E und dem Sät-
tigungsgrad S ($0 \leqslant S \leqslant 1$). m ist eine Konstante, die bei lockeren Kornpackungen m = 1 beträgt und bei stark zementierten Sedimentgesteinen m = 2,2 erreicht. Diese Gleichung gilt für kleine
Porositäten nicht mehr, weil in dem Falle die Grenzflächenleit-
fähigkeit (σ_g) dominiert, die bei größeren Porositäten vernachlässigbar ist [5.47]. Die spezifische Leitfähigkeit σ des Gesteins beträgt:

$$\sigma = \sigma_E/F + \sigma_q \qquad\qquad (5.40)$$

mit dem Formationsfaktor F und der Elektrolytleitfähigkeit σ_E.
Der Formationsfaktor beinhaltet die Porosität, die Porenstruktur,
die Größenverteilung der Poren und auch den Tonanteil.

Die Temperaturabhängigkeit der Leitfähigkeit liegt bis zum Siedepunkt des Elektrolyten allein in der temperaturabhängigen
Ionenleitfähigkeit begründet. Entsprechend dem Temperaturkoeffi-
zienten (α) der Ionenleitung erhöht sich die Leitfähigkeit eines
wassergesättigten porösen Gesteins mit zunehmender Temperatur

$$\sigma_E = \sigma_O \, (1 + \alpha \, \Delta T). \qquad\qquad (5.41)$$

ΔT ist die Temperaturdifferenz zwischen $T = T_O$ und $T = T_1$, die
den Leitfähigkeitsanstieg verursacht.

In Verbindung mit Gleichung (5.40) ergibt sich

$$\sigma = \sigma_O \, (1 + \alpha \, \Delta T)/F + \sigma_q. \qquad\qquad (5.42)$$

Häufig kann statt des Formationsfaktors F nur die Porosität Φ
angegeben werden, so daß sich für gesättigte Gesteine (S = 1)
folgende Temperaturabhängigkeit nach Gleichung (5.39) ergibt:

$$\sigma = \sigma_O \, (1 + \alpha \, \Delta T) \Phi^m \qquad\qquad (5.43)$$

Die elektrische Leitfähigkeit σ_O wird von der ionaren Zusammensetzung der Porenflüssigkeit bestimmt. In der Regel ist die
NaCl-Konzentration weit höher als die eventuell noch vorhandener
anderer Salze, und damit kann σ_O nach experimentellen Ergebnissen aus der Salinität von NaCl-Lösungen [5.45] ermittelt werden.

Um aus Leitfähigkeitsmessungen in einer geothermischen Anomalie
die Temperatur nun abschätzen zu können, muß neben der Salinität
auch die Porosität oder der Formationsfaktor angegeben werden.
Diese zusätzlich notwendigen Parameter können allerdings nur aus
Bohrungen erhalten werden. Es ist deshalb in einem zu untersu-
chenden Gelände wenigstens eine Bohrung niederzubringen, um nach
den Gleichungen (5.42) bzw. (5.43) eine Temperaturverteilung angeben zu können.

Der Temperaturkoeffizient α ist keine Konstante, sondern er ist
selbst eine Funktion der Temperatur $\alpha = \alpha(T)$. In erster Näherung
kann aufgrund experimenteller Ergebnisse [5.45] der Temperaturkoeffizient in zwei Intervallen linearisiert werden:

$$\alpha = \begin{cases} 0.026 \; {}^{O}C^{-1} & \text{für } \; 0 \leqslant T \leqslant 200^{O} \; C \\ 0.001 \; {}^{O}C^{-1} & \text{für } 200 < T \leqslant 350^{O} \; C. \end{cases}$$

Da die Temperaturempfindlichkeit der Leitfähigkeit oberhalb von
$T = 200^{O}$ C gering ist, steigt die Ungenauigkeit bei der Temperaturermittlung in diesem Bereich.

Die Druckabhängigkeit der Elektrolytleitfähigkeit ist gering und
bis zu Drücken von p = 10^7 Pa (= 100 bar) sogar vernachlässigbar.
Dieser Druck ist bei hydrostatischem Druck in z = 1000 m Tiefe
erreicht und bei lithostatischem Druck bereits in z = 400 m. Bei
starker Thermalwasseraktivität ist der Druck in der Porenflüssigkeit nahe dem hydrostatischen Druck, daher können Temperaturbe-
stimmungen aus Verteilungen der spezifischen Widerstände bzw.
der Leitfähigkeiten bis zu z = 1000 m Tiefe vorgenommen werden,
ohne den Druckeinfluß berücksichtigen zu müssen.

5.2.2.3 Ergebnisse der Magnetotellurik als Temperaturindikatoren

Natürliche elektromagnetische Felder mit den in der Magnetotellurik benutzten Frequenzen, meist unter 1 Hz, dringen ihrer Frequenz entsprechend tief in die Erdkruste und bis in den oberen
Mantel ein (Skineffekt). Die Methoden der Magnetotellurik ermöglichen es, aus den Feldkomponenten ein Modell der spezifischen Widerstände im Erdinnern zu erstellen. Die trockenen Gesteine sind bei niedrigen Temperaturen im allgemeinen Nichtlei-
ter. Gitterfehler in der Kristallstruktur und Fremdionen verursachen jedoch eine geringe Elektronen- und Ionenleitfähigkeit,
die bei Gesteinen mit der Temperatur zunimmt und im Experiment
etwa zwischen T = 800 und 1200° C den halbleitenden Zustand erreicht. Die Temperaturabhängigkeit der spezifischen Leitfähigkeit (σ) wird beschrieben durch

$$\sigma(T) = \sigma_O \exp(-E/kT) \qquad (5.44)$$

mit E einer mittleren Aktivierungsenergie, k der BOLTZMANN schen
Konstante, T der absoluten Temperatur und σ_O der extrapolierten
Leitfähigkeit für $T \to \infty$. Die Größen E und σ_O sind nur innerhalb
von bestimmten Temperaturintervallen konstant, weil der Leitungs-
mechanismus sich ändert. Im unteren Temperaturbereich überwiegt
die Leitung, die durch Baufehler im Kristall bedingt ist, und bei
höheren Temperaturen überwiegt die Elektroneneigenleitung
(Abb. 5.11). Hohe Drücke verbessern die Leitfähigkeit geringfügig [z.B. 5.59].

Aus einer vertikalen Verteilung der spezifischen Widerstände für
das Erdinnere kann nun nicht direkt auf eine Temperaturverteilung geschlossen werden. Im oberen Krustenbereich beeinflußt der
Wassergehalt im Porenraum der Gesteine die Leitfähigkeit so
stark, daß die Matrixleitfähigkeit vernachlässigbar ist (vgl.
Abschn. 5.2.2.2), und für das tiefere Erdinnere sind die mate-
rialabhängigen Größen E und σ_O nicht genau genug bekannt, um
eine Temperaturverteilung aus einer magnetotellurischen Tiefensondierung berechnen zu können.

Bei ausreichender Kenntnis der Parameter besteht die Möglichkeit, eine Temperaturverteilung mit einer Tiefensondierung der
spezfischen Widerstände für ein bestimmtes Gebiet [5.1] in Einklang zu bringen. Im wesentlichen ist eine Anpassung nur für
tiefliegende Schichten mit niedrigen spezifischen Widerständen

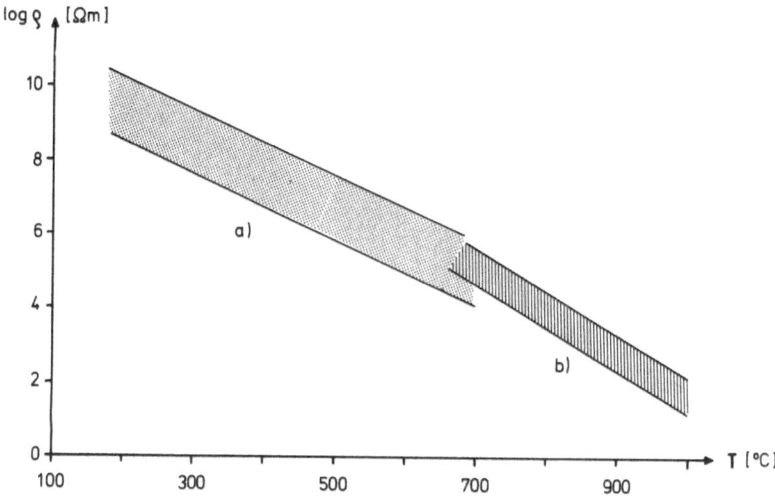

Abb. 5.11. Temperaturabhängigkeit des spezifischen Widerstandes von kristallinen Gesteinen (schematisch). Im Bereich a) dominiert die Leitung durch Fehlstellen im Kristallgitter, im Bereich b) durch Elektroneneigenleitung nach [5.59].

möglich. Werden die Schichten im Bereich des oberen Mantels lokalisiert, so könnte es sich bei partieller Aufschmelzung um Ionenleitung handeln und bei homogener fester Phase um die Halbleitereigenschaft nach Gleichung (5.44). Bei gut leitfähigen Schichten in der Kruste könnte von der Ionenleitung in einer partiellen Schmelze ausgegangen werden, die im Falle von granitischem Material oberhalb von $T = 600°$ C einsetzt, bei basaltischem Gestein etwa bei $T = 900°$ C.

Die Interpretation einer Leitfähigkeitsanomalie als Temperatureffekt [5.49] führt dazu, daß eine Änderung der Tiefenlage einer gut leitfähigen Schicht als vertikale Verschiebung einer Isothermen verstanden werden kann. Die Korrelation zwischen regionaler Wärmeflußdichte und Tiefe von gut leitfähigen Schichten bekräftigt diese Annahme [z.B. 5.1].

5.2.2.4 Die CURIE-Fläche als Isotherme

Magnetit (Fe_3O_4) ist in der Erdkruste in vielen kristallinen Gesteinen als akzessorisches Mineral weit verbreitet. Es gehört wegen seiner magnetischen Eigenschaften zu den Ferrimagnetika, zu denen fast ausschließlich Oxide (Titanmagnetit) und Sulfide (Magnetkies) von Metallen gehören. Der Ferrimagnetismus resultiert aus Wechselwirkungen zwischen den magnetischen Momenten der Ionen im Kristallgitter [z.B. 5.3].

Die ordnenden Wechselwirkungen werden mit zunehmender Temperatur von den thermischen Bewegungen der Ionen überlagert, so daß

schließlich bei der CURIE-Temperatur (T_C) die ferrimagnetische
Eigenschaft völlig verschwindet. Die CURIE-Temperatur von Magnetit liegt bei etwa $T_C = 580^O$ C und ist abhängig vom Anteil der
ins Gitter eingebauten Titan-Ionen anstelle der Eisen-Ionen.
Bei kristallinen Gesteinen wird eine CURIE-Temperatur von etwa
$T_C = 550^O$ C gemessen [5.8]. Der Ferrimagnetismus verschwindet
nicht spontan, sondern graduell. Bei etwa T = 400° C besitzt
das Gestein noch 70 % seiner ferrimagnetischen Eigenschaft
[5.8].

Weil die untere Grenze der magnetischen Schicht in der Erdkruste
in der Regel keine Materialgrenze, sondern eine Temperatur-
grenze ist, kann aus Veränderungen ihrer Mächtigkeit die Teu-
fenänderung der Fläche mit der Temperatur T = T_C ermittelt
werden. Gebiete mit einer zur Umgebung höher liegenden CURIE-
Fläche sind an der Erdoberfläche durch negative magnetische
Anomalien angezeigt, die damit Indikatoren für eine vergleichsweise zur Umgebung höhere Wärmeflußdichte sein können.

Die Interpretation der negativen Anomalie, von der angenommen
werden kann, daß sie von der thermisch bedingten Mächtigkeits-
änderung der magnetischen Schicht verursacht wird, erfolgt durch
spektrale Zerlegung des gemessenen anomalen magnetischen Feldes
innerhalb einer festgelegten Fläche [z.B. 5.26, 5.50].Das mit
Hilfe der FOURIER-Analyse erhaltene Amplituden-Frequenz-Spektrum
ergibt eine erste Abschätzung zur mittleren Teufe der unteren
Begrenzung der magnetischen Schicht. Die Amplituden sind für
diese Teufe von der Frequenz unabhängig.

Untersuchungen für den Oberrheingraben ergaben [5.8] eine in
z = 8 km Tiefe liegende untere Begrenzung der magnetischen
Schicht. Wird diese Grenze als Tiefe der CURIE-Isotherme verstanden, dann kann der mittlere Temperaturgradient im Inter-
vall 50 $\leqslant$ dT/dz $\leqslant$ 70° C/km liegen, wenn 400 $\leqslant$ T_C $\leqslant$ 550 ^{O} C beträgt. Wird die Grenze als Grenzfläche zwischen magnetischem
und nichtmagnetischem Gestein unterhalb der CURIE-Temperatur
interpretiert, dann ist keine Angabe zum Temperaturgradienten
möglich.

Eine Aufwölbung der CURIE-Fläche ist auch im Raum Urach/Schwäb.
Alb nachweisbar. Die bei einem global mittleren Temperaturgradienten in ca. z = 25 km Tiefe liegende CURIE-Fläche kann um
bis zu 15 km im Raum Urach aufgewölbt sein [5.8], so daß sich
dort ein Temperaturgradient im Bereich 40 $\leqslant$ dT/dz $\leqslant$ 55^OC/km errechnet.

5.2.2.5 *Temperaturermittlung aus seismischen Ergebnissen*

Zwei für Gesteine charakteristische Größen zur Ausbreitung seismischer Wellen sind die Geschwindigkeit und die Absorption.
Beide Eigenschaften sind nicht nur materialspezifisch, sondern
auch temperaturabhängig. Die Schallgeschwindigkeit nimmt vor
allem für die Kompressionswellen mit zunehmender Temperatur ab
[z.B. 5.18]. Die Scherwellengeschwindigkeit ist bei Temperaturen
unterhalb des Schmelzbeginns in Gesteinen weniger temperaturempfindlich, jedoch nimmt sie bei partieller Aufschmelzung sehr

Tabelle 5.1. Temperaturempfindlichkeiten (β) der v_p-Geschwindigkeit von Gesteinen nach [5.18]

T [^{o}C]	β [10^{-4} ^{o}C^{-1}]		
	Granit	Gabbro	Peridotit
200	0,6	0,5	0,4
300	0,8	0,6	0,55
400	1,1	0,75	0,6
500	1,55	0,9	0,6
600	–	1,25	0,75
700	–	(1,65)	(0,8)

schnell ab und verschwindet gänzlich, wenn der Zusammenhalt der kristallinen Matrix verlorengeht. Der Absorptionskoeffizient

$$\alpha = \frac{1}{\Delta x} \ln \frac{A_1}{A_2},\qquad(5.4.5)$$

der aus der Dämpfung der Amplituden (A_1/A_2) der Wellen und dem zurückgelegten Weg Δx errechnet wird, ist im Temperaturbereich unterhalb des Schmelzbeginns weniger temperaturabhängig. Beim Auftreten fluider Phasen dagegen werden die seismischen Wellen bedeutend stärker absorbiert [z.B. 5.51]. Aus der Absorption und der Scherwellengeschwindigkeit können daher entweder ein eventueller Schmelzbeginn im Erdinnern bzw. eine eventuell vorhandene Magmenkammer lokalisiert werden. Eine Temperaturzuordnung ist nur in einem groben Temperaturintervall möglich.

Die Kompressionswellengeschwindigkeit (v_p) ist vor allem für Quarzit recht temperaturempfindlich, für den die v_p-Geschwindigkeit in der Nähe des Phasen-Transformationspunktes von der Tief-Quarz- in die Hoch-Quarz-Modifikation bei T = 573° C um bis zu 15 % gegenüber der v_p-Geschwindigkeit bei T = 100° C verringert wird [5.18]. Für Granite mit einem Quarzgehalt von 30 % kann sich daher eine Geschwindigkeitserniedrigung von etwa 5 % ergeben, ohne die anderen gesteinsbildenden Minerale zu berücksichtigen. Die Temperaturempfindlichkeit der v_p-Geschwindigkeit nimmt für Granit bei höheren Temperaturen beträchtlich zu und erreicht vor dem Phasenumwandlungspunkt ein Maximum. Weil die Phasenumwandlung auch druckabhängig ist (vgl. Abschn. 2.1.1), steigt die Umwandlungstemperatur entsprechend der Tiefe an. Unter konstantem Druck ergeben sich aufgrund von Messungen [5.18] die in Tabelle 5.1 angegebenen Temperaturempfindlichkeiten β der v_p-Geschwindigkeiten für drei häufige Gesteinsgruppen:

$$\beta = \frac{v_p(T)}{v_p(O)\Delta T}\quad[^oC^{-1}]\qquad(5.46$$

Tabelle 5.1 zeigt, daß die Temperaturempfindlichkeit β einerseits mit der Temperatur zunimmt, jedoch andererseits mit dem SiO_2-Gehalt der Gesteine abnimmt.

6. ERDWÄRME ALS ENERGIEQUELLE

Durch die Verknappung von Energie in jüngster Zeit wurde auch
die verstärkte Nutzbarmachung von Erdwärme als Beitrag zur Ener-
gieversorgung in Betracht gezogen. Die geothermische Energie ist
im allgemeinen recht gleichmäßig auf der Erde verteilt. Die geringe Wirtschaftlichkeit dieser Energie erlaubt die gegenwärtige
Nutzung allerdings nur an bevorzugten Stellen, wo in vulkanisch
jungen Gebieten heißer Wasserdampf aus so geringen Teufen gefördert werden kann, daß man ihn ökonomisch in die leicht transportable elektrische Energie umwandeln kann. Mit steigenden Energiekosten können nicht nur kleinere, sondern auch immer tiefer
liegende Wärmereservoire erschlossen und ausgebeutet werden, so
daß die Anforderungen, kleine und auch tiefliegende Wärmeanomalien an der Oberfläche zu erkennen, stark ansteigen. Geochemische, geologische und geophysikalische Methoden werden zur Prospektion auf Wärmereservoire angewendet. Dabei wird eine grobe
Übersicht häufig von der Luft aus vorgenommen, z.B. mit Infrarot-
aufnahmen der Erdoberfläche. Die Auswahl von anomalen Temperaturverteilungen wird dann an der Oberfläche mittels verschiedener Prospektionsmethoden getroffen. In den ausgewählten Gebieten
wird mit Hilfe geophysikalischer Methoden die Struktur des Untergrundes untersucht,und zusammen mit Testbohrungen kann dann
schließlich die Größe und das Potential der "Wärmelagerstätte"
abgeschätzt werden.

Die Art der Nutzung eines Wärmereservoirs hängt im wesentlichen
von der Temperatur des Wassers ab, bei Dampfvorkommen kann die
thermische Energie verstromt werden, bei Heißwasserreservoiren
wird im allgemeinen die Wärme für Heizzwecke in Wohnräumen,
Bädern und Gewächshäusern genutzt. Wenn die Wärme in trockenen
kristallinen Gesteinen gespeichert ist, wird die thermische Energie durch Aufbrechen von Spalten in der Tiefe und Extraktion der
Wärme mittels Wasser vorgenommen. Eingespeistes Wasser verdampft
in der Tiefe und kann an der Oberfläche zur Stromerzeugung oder
zur Heizung genutzt werden.

Die Nutzung von Thermalquellen in der Heilkunde ist eine Art des
Einsatzes von geothermischer Energie, die sich nicht direkt als
physikalische Größe messen läßt, die jedoch durch die Wiederherstellung bzw. Erhaltung der menschlichen Arbeitskraft einen
nicht zu vernachlässigenden Beitrag zur Volkswirtschaft leistet.

6.1 Prospektionsmethoden auf Wärmereservoire

Es besteht ein enger Zusammenhang zwischen den Methoden zur Temperaturermittlung im Erdinnern (Kap. 5) und den Prospektionsmethoden auf Wärmereservoire. Alle Methoden der Temperaturermittlung, die im obersten Bereich der Erdkruste die gegenwärtige Temperaturverteilung bzw. diejenige in jüngster Vergangenheit festzustellen ermöglichen, sind auch als Prospektionsmethoden auf Wärmereservoire geeignet. Die Prospektionsmethoden werden zusätzlich durch eine große Gruppe qualitativer Methoden erweitert. Zu den qualitativen Methoden gehören geochemische, geologische und auch geopyhsikalische, die dazu geeignet sind, Aufstiegswege von Thermalwässern aus der Tiefe ausfindig zu machen und zu kartieren.

6.1.1 *Geochemische und geologische Methoden*

Die in diesem Abschnitt aufgezeigten Prospektionsmethoden dienen zum einen der Lokalisierung von Aufstiegswegen der Thermalwässer, die im Falle vulkanischer Aktivität ihres sauren Chemismus wegen die Gesteine in ihrer Umgebung durch Anlösen verändern. Zum anderen können bei Anwendung des SiO_2-Thermometers (s. Abschn. 5.1.1.1) quantitative Aussagen zur Wärmequelle gemacht werden, und über die geologische Geschichte und die Art eines Wärmereservoirs können unter Umständen organische Einschlüsse in Sedimentgesteinen Aufschluß geben.

6.1.1.1 *Die Kartierung hydrothermaler Gesteinsveränderungen*

Diese Prospektionsmethode wird in vulkanisch jungen Gebieten angewendet, wo eine diffuse vulkanische Tätigkeit mit Thermal- bzw. Dampfquellen oder Fumarolen das Vorhandensein einer nicht vollständig abgekühlten Magmenkammer anzeigt. Die an der Oberfläche sichtbaren Austrittspunkte von Dampf, Wasser oder Gas sind nur kurzlebig. Es öffnen sich immer wieder neue Spalten, wenn sich andere Schwächezonen z.B. tektonisch bedingt schließen. Der alte Aufstiegsweg bleibt jedoch markiert, so daß sich im Verlaufe der Abkühlung einer Magmenkammer ein an der Oberfläche kartierbarer Hof des hydrothermal veränderten Gesteins bildet, der jedoch häufig von der Vegetation überwuchert wird und dann nicht im vollen Umfang sogleich sichtbar ist [6.41].

Nach der Fertigstellung des Lageplanes erfolgt die zeitliche Einordnung der thermischen Anomalie in die geologische Geschichte. Dazu wird das Alter der Ablagerungen aus dem Thermalwasser (Sinter, Schwefel, Limonit usw.) bestimmt, weitere, relative Altersbestimmungen der geothermischen Anomalie werden durch Vergleiche mit den Sedimenten in und außerhalb der Umwandlungszone erhalten. Enthält ein Konglomerat bereits durch das Thermalwasser verwitterte Gesteinseinschlüsse, so ist es jünger

als die Anomalie, und das Alter der Gesteine, die durch das
Thermalwasser verwittert sind, ergeben eine obere Altersgrenze.

Aus der Zeitdauer der hydrothermalen Aktivität und dem Volumen
der verwitterten Masse läßt sich die Ergiebigkeit der Wärmequelle in der Tiefe grob abschätzen.

Die Ergebnisse der Untersuchungen an einer relativ kleinen
thermischen Anomalie in Nordjapan (Nigorikawa) sind im folgenden zusammengefaßt [6.41]: Die Anomalie ist an eine jungplei-
stozäne Kaldera mit etwa 2 km Durchmesser gebunden.Es gibt
dort 28 heiße Quellen mit Temperaturen zwischen 43 und 92° C
sowie 7 Fumarolen (16 bis 18° C). Die hydrothermale Verwitte-
rungszone liegt mit den Fumarolen am NE-Rand der Kaldera und
umfaßt etwa 0,7 km^2. Im Kern des Gebietes findet sich α-Chri-
stobalit, amorphe Kieselsäure sowie Alunit. Die äußeren Zonen
sind argillisiert. Die vulkanischen Gesteine, in denen die Umwandlungszone liegt, sind 2,1 Millionen Jahre alt. Sie sind mit
einer unveränderten jungpleistozänen Ablagerung, die etwa
11.500 Jahre alt ist, bedeckt. Daher kann angenommen werden,daß
die Hauptphase der hydrothermalen Aktivität mehr als 11.000
Jahre zurückliegt.

6.1.1.2 Thermalwasseruntersuchungen

Die chemische Zusammensetzung der Thermalwässer kann vielfach
Aufschluß über die Herkunft der Wässer und über die Temperaturen im Wärmereservoir geben. Es kann der Migrationsweg erkundet
werden und schließlich das gesamte hydrothermale System, daß die
Beteiligung von magmatischen und meteorischen Wässern sowie fossilen Porenwässern aus Sedimentgesteinen beschreibt. Die Klärung der Mischungsprozesse gibt wichtige Hinweise zur effektiven
Nutzung der Thermalwasserreservoire. Wenn die Wässer aus einem
abgeschlossenen Reservoir stammen, muß die Größe der "Lagerstätte" abgeschätzt werden. Bei einem System, wo meteorische
Wässer in die Tiefe dringen, dort aufgeheizt schließlich wieder
die Oberfläche erreichen, muß die Ergiebigkeit abgeschätzt werden, damit dieses zeitlich unbegrenzte System durch die Energienutzung nicht gestört wird. Eine Unterscheidung beider Systeme
kann nur durch Thermalwasseranalysen erfolgen, denn die Auswir-
kungen auf die Temperaturen im Untergrund sind in beiden Fällen
gleich [6.8].

Neben der Erkundung der Struktur des hydrothermalen Systems können die SiO_2-Gehalte entweder Aufschluß über die Temperatur des
aufgeheizten Wasserreservoirs (s. Abschn. 5.1.1.1) geben oder
quantitative Angaben zum Mischungsverhältnis von Oberflächenwasser und Thermalwasser ermöglichen.

Ein gut untersuchtes Hydrothermalsystem ist vom Hakone-Vulkan
(Fujiyama-Gruppe) bekannt [6.33], wo sich magmatische Wässer,
Salzwasser und meteorisches Wasser im Untergrund vermischen.
Der Vulkan bildete sich vor etwa 0,4 Millionen Jahren, und die
letzte Lava wurde vor 5000 Jahren gefördert. Seit einer Dampf-

explosion vor 4000 Jahren ist das vulkanische Gebiet durch ausgedehnte Solfataren-Tätigkeit gekennzeichnet. Das Thermalwasser wird aus über 300 Bohrungen mit durchschnittlichen Endteufen von ca. 500 m genutzt. Die chemischen Zusammensetzungen der Thermalwässer erlauben eine Einteilung in 4 Zonen, die hauptsächlich auf den Anionen-Gehalt begründet sind (s. Tabelle 6.1).

Tabelle 6.1. Anionen-Gehalte [ppm] in Wässern des Hakone-Gebietes/Japan, gerundet nach [6.33]

Zone	Cl^-	HSO_4^-	SO_4^{2-}	HCO_3^-	$CO_3^{2-} + CO_2$
I (sulfatsaure Wässer)	7	52	526		
II (Sulfat-Bicarbonat-Wässer)	20		381	590	16
III (NaCl-Wässer)	2568		82	30	2
IV (Mischwässer), 2 Proben	617/ 549		226/ 85	5/ O	

Zone I umfaßt die sulfatsauren Wässer im Bereich der Solfatare. In Zone II sind Wässer mittlerer Temperatur vorzufinden, die einen hohen Bikarbonat- und Sulfat-Gehalt besitzen. Der hohe HCO_3^--Gehalt wird auf die thermisch verursachten Reaktionen der in den vulkanischen Ablagerungen eingeschalteten Lagen von pflanzlichem Material zurückgeführt (s. Abschn. 6.1.1.4). In Zone III sind hochtemperierte stark salzhaltige (NaCl-) Wässer zusammengefaßt, deren Ursprung im zentralen Teil der Wärmeanomalie, im Solfatarenbereich zu suchen ist. Die Wässer migrieren innerhalb eines Aquifers in Richtung des Druckgefälles und erreichen am Ausbiß des Aquifers an den Hängen des Hayakawa-Tales die Oberfläche. Die IV. Zone schließlich erreicht die größte Ausdehnung und ist durch Mischwässer gekennzeichnet, die in Abb. 6.1 im Dreistoffdiagramm dargestellt sind.

Die Kartierung der genannten Thermalwasserzonen und ihre Interpretation ermöglicht die Aufstellung eines Hydrothermal-Systems (Abb. 6.2). Es besteht ein West-Ost-gerichteter Grundwasserfluß, der sich im zentralen Bereich des Vulkans mit aufsteigenden

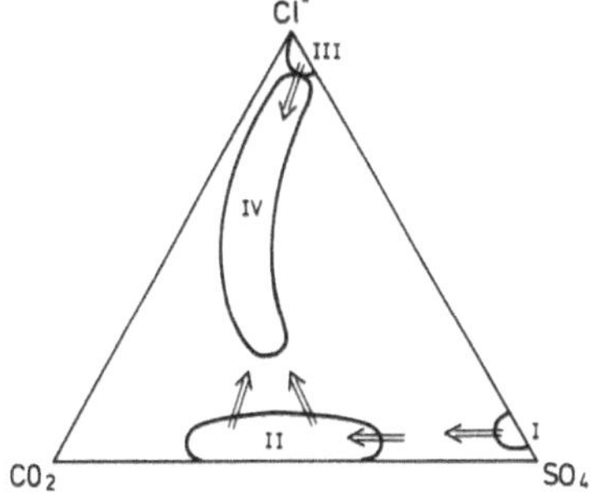

Abb. 6.1. Chemische Zusammensetzung der Oberflächenwässer verschiedener Zonen im Hakone-Gebiet/Japan, dargestellt im CO_2-Cl^--SO_4^{2-}-Diagramm mit Verlauf ihrer Vermischungen (nach [6.33])

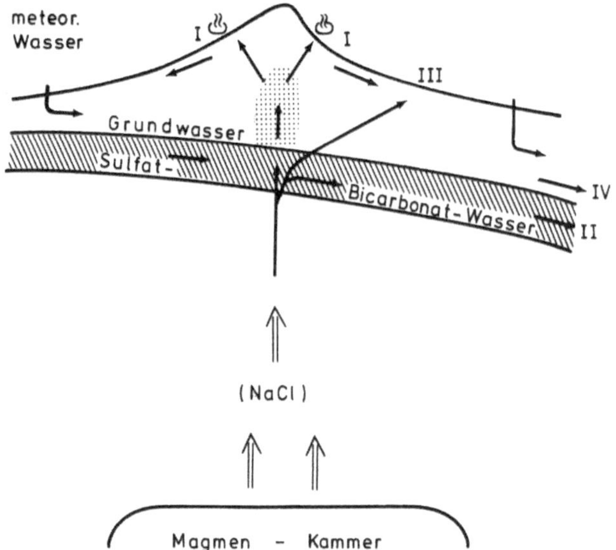

<u>Abb. 6.2.</u> Schematische Darstellung zur Genese der verschiede-
nen Oberflächenwässer im Hakone-Gebiet/Japan (nach
[6.33])

vulkanischen Wässern/Dämpfen vermischt. Im Zentralbereich sind
in einigen Kilometern Tiefe Temperatur und Dampfdruck hoch genug, um größere Mengen Kochsalz zu lösen, und nach Vermischen
mit dem Grundwasser erreichen die Wässer in Zone III die Oberfläche an einigen bevorzugten Stellen.

Aufgrund der Mischungsprozesse der verschiedenen beteiligten
Wässer kann bei einer beabsichtigten Nutzung der Thermalwässer ihre chemische Zusammensetzung und unter Beachtung der
Temperaturverteilung in diesem Gebiet [6.19] auch ihre Temperatur vor dem Niederbringen einer Förderbohrung geschätzt werden.

6.1.1.3 Spurenelemente im Boden

Geothermische Anomalien sind nicht immer durch hohe Thermalwasseraktivität markiert. Bei fehlenden Fumarolen oder thermisch bedingten Verwitterungszonen können Bodengehalte an Radon
[6.25] und auch Kohlendioxid sowie der leichtflüchtigen Elementen Quecksilber, Arsen und Bor [6.24] zur geochemischen Prospektion der höchsttemperierten Untergrundbereiche beitragen. Ebenso
ist die Verteilung der genannten Stoffe geeignet, Bruchzonen
und kleinere Brüche bzw. Klüfte zu kartieren, um die Lage einer
tiefliegenden Wärmequelle abzugrenzen.

Das Edelgas Radon ist mit 3,8 Tagen Halbwertszeit ein kurzlebi-
ges Element (Rn^{222}), das beim Zerfall von Radium (Ra^{226}) entsteht und im Mittel recht gleichmäßig in der oberen Erdkruste

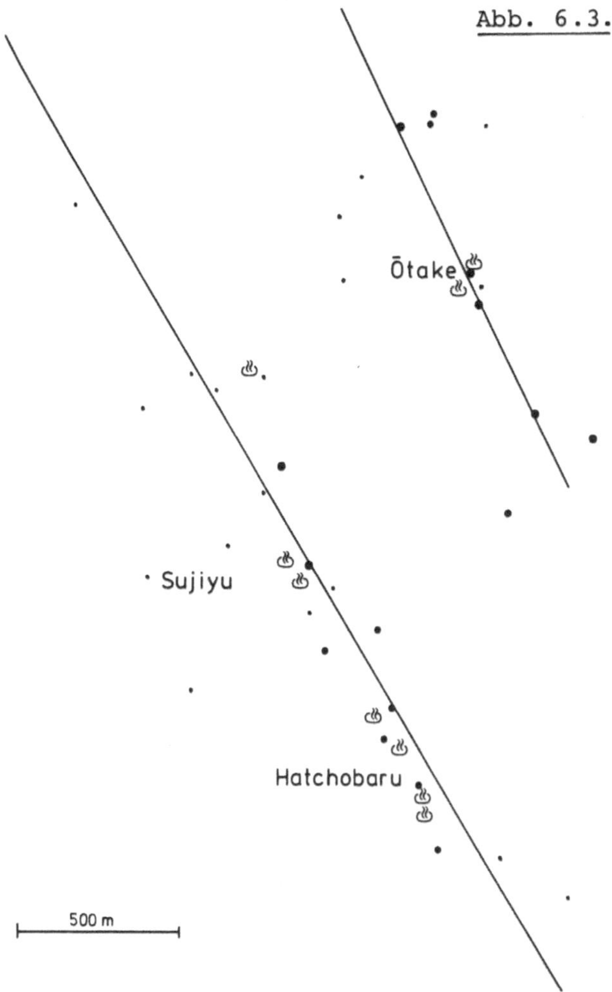

Abb. 6.3. Quecksilbergehalte (●,●,·) in der Umgebung der geothermischen Anomalien Otake und Hatchobaru (Süd-Japan) nach [6.24] mit Lage der Bruchzonen und Thermalquellen

verteilt ist. An Brüchen, d.h. an Stellen guter vertikaler Permeabilität, steigt das Radon an die Erdoberfläche und kann somit beim Kartieren seiner Gehalte im Boden zum Aufspüren von Bruchzonen dienen. Die Radonkonzentrationen geben der kurzen Halbwertszeit von 3,8 Tagen wegen auch wichtige Informationen über die Transporteigenschaften der Gesteine, wie Permeabilität und Fließgeschwindigkeit der Porenfüllung in Wärmereservoiren [6.25].

Viele Wärmereservoire in Süd-Japan (Kyushu) zeigen erhöhte Bor- und Quecksilbergehalte in den Thermalwässern. Verschiedentlich werden auch Konzentrationsanstiege im Arsen-, Ammonium- und Fluor-Gehalt beobachtet. Eine Kartierung der Quecksilbergehalte im Boden (Abb. 6.3) spiegeln in den geothermischen Gebieten Otake und Hatchobaru sehr deutlich die großen Bruchzonen wider [6.24], in denen die mineralisierten Wässer aufsteigen. Die Art der Mineralisation läßt vielfach die Beteiligung von magmatischen Restlösungen erkennen. Ihr Anteil am gesamten Hydrother-

malsystem ist jedoch gering. Der größte Anteil der Thermalwässer besteht aus Oberflächenwässern, die entweder im Porenraum
der Sedimentgesteine gespeichert sind und bei zunehmender Erwärmung der Schichten in höhere Krustenbereiche bzw. an die
Oberfläche migrieren oder im Falle einer ausgeprägten Bruch-
tektonik einen Wasserkreislauf ausbilden, indem kalte meteorische Wässer in die Tiefe absinken und dort erwärmt wieder
an anderer Stelle die Oberfläche erreichen. Während der Erwärmung der Wässer in der Tiefe können mit der Gesteinsmatrix Lö-
sungsgleichgewichte eingestellt oder Salz- bzw. Erzminerale
angelöst werden, so daß die Thermalwässer einen magmatischen
Ursprung vortäuschen. Es gibt daher noch keine verläßlichen
geochemischen Thermometer, die auf Spurenelementgehalte in
Thermalwässern aufbauen.

6.1.1.4 *Veränderungen kohliger Substanzen im Sedimentgestein*

Die Umwandlung der organischen Teilchen, d.h. die Zunahme ihres
Inkohlungsgrades, geschieht unter Einwirkung einer Reaktionstemperatur (T > 35° C) und der Zeit. Der Inkohlungsfortschritt innerhalb einer Wärmeanomalie ist daher geeignet, über den inte-
grierenden Faktor aus Temperatur und Zeit (s. Abschn. 5.1.5) die
Wärmeanomalie selbst zu charakterisieren, wenngleich quantitative
Aussagen wegen der kurzen Einwirkzeit nur ausnahmsweise möglich
sind [6.10].

Die regionalen geothermischen Verhältnisse haben in den jeweiligen Teufen ein bestimmtes Inkohlungsbild geschaffen, das beim
Aufstieg von Thermalwässern und/oder beim Aufstieg von Magma in
höhere Krustenhorizonte lokal gestört wird. Der Inkohlungsgrad
nimmt in der Anomalie stärker mit der Tiefe zu als außerhalb,
d.h. der Gradient der Inkohlung wächst. Bei sehr langen Ein-
wirkzeiten könnte dem Inkohlungsgradient ein Temperaturgradient
zugeordnet werden [6.7], bei kurzzeitiger Erwärmung ist dies
nicht ohne zusätzliche geothermische Modellberechnungen möglich,
weil sich nicht derjenige Inkohlungsgrad im Verlaufe einer Abkühlung eines Intrusivkörpers einstellen kann, der bei ver-
gleichbaren Reaktionstemperaturen im stationären Zustand erreicht würde. Dennoch kann bei homogenem erhöhten Inkohlungsgradienten auf eine konduktiv erzeugte Wärmeanomalie geschlossen werden. So spiegelt der im mittleren Oberrhein-Graben vorhandene erhöhte Inkohlungsgradient einen höheren Temperaturgradienten wider als im benachbarten Molassebecken. Die allgemein
angezeigte erhöhte Wärmeflußdichte wird überlagert von Sekundär-
effekten, die besonders gut im Raum Landau/Pfalz zu beobachten
sind [6.44]. In den zahlreichen Bohrungen dieses Gebietes
schwanken die Inkohlungsgradienten um einen hohen Mittelwert
ziemlich stark [6.42]. Diese starken lokalen Schwankungen
deuten zweifelsfrei auf eine konvektiv überprägte Anomalie der
Wärmeflußdichte hin. Für den mittleren Oberrhein-Graben kann
auch nachgewiesen werden, daß die gegenwärtige Wärmeanomalie
erst kurze Zeit besteht (s. Abschn. 5.1.5).

Die z.T. recht erheblichen Änderungen des Inkohlungsgrades auf
kleinstem Raum können auf die oxidierende Wirkung von Thermal-

wässern zurückgeführt werden, die entlang von Klüften durch
das Gestein migrieren. Auch in der Bohrung Urach 3, die inmit-
ten der schwäbischen Wärmeanomalie abgeteuft wurde, ist die
Wirkung von Thermalwasserzirkulation in den Schichten des Rot-
liegenden und des Stephan nachweisbar [6.9].

Die Umwandlung der organischen Substanz durch Temperaturanstieg
kann auch durch den Nachweis ihrer Reaktionsprodukte, der koh-
lenwasserstoffhaltigen Gase (Erdgas), erfolgen und so über die
Konzentration die Lage des höchsttemperierten Gebietes markieren.

6.1.2 Geophysikalische Methoden

Die geophysikalischen Prospektionsmethoden sollen geeignet
sein, von der Oberfläche her Wärmereservoire in der Tiefe zu
lokalisieren. Bei den direkten Verfahren wird die Bodentemperatur entweder von der Luft aus durch Infrarot-Messungen erfaßt oder mittels Thermometer an der Oberfläche gemessen. Bei
Temperaturmessungen in verschiedenen Teufen des Untergrundes
kann auch die Wärmeflußdichte aufgenommen werden, die besser
geeignet ist, die Ergiebigkeit einer Wärmequelle abzuschätzen.
Bei den indirekten Verfahren wird die Temperaturempfindlichkeit
gesteinsphysikalischer Größen zur quantitativen Temperaturermittlung genutzt (vgl. Abschn. 5.2.2), und es werden qualitative
Methoden angewendet, die als Indikatoren von Wärmereservoiren
dienen, wie eine erhöhte Seismizität und hohe elektrische Eigenpotentiale an der Oberfläche.

6.1.2.1 Infrarotmessungen

Der thermische Infrarotbereich umfaßt die Wellenlängen von 3
bis 14 μm. Dieser Bereich schließt die beiden atmosphärischen
Fenster ein, die zwischen 3 und 5 μm bzw. 8 und 14 μm liegen.
Die längeren IR-Wellen werden von der Atmosphäre absorbiert.
Strahlt ein schwarzer Körper die maximale Energie bei einer
Wellenlänge von $\lambda = 10$ μm ab, so beträgt seine Temperatur nach

$$T\ [^{\circ}K] = 2{,}9 \cdot 10^{3}/\lambda_{max}\ \ [\mu m]$$
$$= 290^{\circ}\ K = 17^{\circ}\ C. \tag{6.1}$$

Die Strahlung im angegebenen IR-Bereich kann fotographisch mit
gebräuchlichen Kameras nicht erfaßt werden, weil die Glaslin-
sen für den thermischen IR-Bereich undurchlässig sind. Es gibt
spezielle IR-Thermokameras [6.41]. Die IR-Strahlung wird jedoch meist mittels Halbleiter-Detektoren gemessen. Für Messungen an der Erdoberfläche werden Radiometer eingesetzt, die die
Strahlungstemperatur messen und Temperaturunterschiede von
$\Delta T < 0{,}2^{\circ}$ C feststellen, und vom Flugzeug bzw. vom Satelliten
aus werden Scanner-Systeme benutzt, abbildende Verfahren, die
eine noch höhere Temperaturempfindlichkeit besitzen [6.36].

Die gemessenen Strahlungstemperaturen sind nicht nur von der
Sonneneinstrahlung, sondern auch von der Topographie des Geländes und von den thermischen Eigenschaften des Bodens abhängig. Dabei spielen neben der Temperatur- und Wärmeleitfähigkeit des Bodens auch die Albedo (vgl. Abschn. 4.1.1) eine wichtige Rolle. Der Temperaturkontrast,der bedingt ist durch unterschiedliche thermische Eigenschaften des Bodens, ist sowohl in
der Nacht kurz vor Sonnenaufgang am größten als auch am Tage
etwa eine Stunde nach dem mittäglichen Temperaturmaximum [6.36].

Die thermische Energieflußdichte durch die Erdoberfläche setzt
sich aus drei Anteilen zusammen:

$$Q = Q_S - Q_R - Q_A \qquad (6.2)$$

dem Anteil Q_S, der tagsüber von der einstrahlenden Sonnenenergie
an der Oberfläche absorbiert wird; dem Anteil Q_R, der von der
Oberfläche zurückgestrahlt wird, und dem anomalen Anteil Q_A, der
von der Temperaturanomalie bestimmt wird. Der Betrag von Q_S ist
in der Regel viel zu groß, als daß Q_A errechnet werden könnte.
Nur in der Nacht, wenn $Q_S = 0$ ist, kann Q_A bestimmt werden, sofern die Temperaturanomalie ΔT_A groß genug ist. Die Strahlungstemperatur T_S beträgt nachts

$$T_S = (T_O + T_A + (Q_O \sqrt{\kappa/\omega} /K) \cos \omega t) \; \epsilon^{1/4} \qquad (6.3)$$

mit der von der Sonneneinstrahlung erzeugten maximalen Wärmeflußdichte Q_O zur Zeit $t = 0$ (Mittagswert), κ und K der Tempe-
ratur- bzw. Wärmeleitfähigkeit des Bodens, ω der Kreisfrequenz
der täglichen Sonneneinstrahlung, ϵ der Emissivität des Bodens
und der mittleren Bodentemperatur T_O.

Um eine Temperaturanomalie mit IR-Messungen erkennen zu können,
muß die anomale Wärmeflußdichte aus dem Untergrund etwa das
100-fache der normalen Wärmeflußdichte betragen [6.22], was nur
bei sehr ausgeprägten, meist vulkanisch bedingten Anomalien erreicht wird. Die IR-Methoden sind gut einsetzbar vom Flugzeug
bzw. Satelliten aus zum Erkennen von heißen Quellen sowohl an
Land wie auch im Wasser. Für sehr große Anomalien, die das
Mehrtausendfache der normalen Wärmeflußdichte erreichen, wird
eine empirische Gleichung angegeben [6.38], nach der die Wärmeflußdichte aus der Oberflächentemperatur errechnet wird.
Temperaturmessungen am Boden können mit Thermometern in der
Regel genauer und schneller eine Wärmequelle lokalisieren.

6.1.2.2 Messungen der Oberflächentemperatur und der Wärmeflußdichte

Wird die Messung der Oberflächentemperatur als Prospektionsmethode eingesetzt,·so soll sie durch die Temperaturverteilung
in zwei oberflächennahen Teufen eine Abschätzung der Ergiebigkeit der Wärmequelle ermöglichen,und das Temperaturfeld soll
anzeigen, wo Förderbohrungen abzuteufen sind. Die flächenhafte

Temperaturerfassung muß zum einen vom Tagesgang der Temperatur
unabhängig sein, d.h. die Meßtiefe muß größer als $z = 0,5$ m
sein (vgl. Abschn. 5.2.1), und zum anderen einen raschen Meß-
fortschritt gestatten. Häufig werden die Temperaturen in den
Teufen $z = 1$ m und $z = 10$ m gemessen [z.B. 6.46], um die Ausdehnung und die Ergiebigkeit des Wärmereservoirs abschätzen zu
können. Weil der Jahresgang der Bodentemperatur in den Meßwerten enthalten ist, muß die Prospektion innerhalb eines kurzen
Zeitraumes abgeschlossen werden. Die langperiodische Verände-
rung des Temperaturfeldes ist dann während der Meßzeit gering.

Als Thermometer sind elektrische Meßwertgeber wie Widerstands-
thermometer (vgl. Abschn. 5.2.1), Thermistoren und Thermoelemente gebräuchlich. Bei einer Genauigkeit der Meßgeräte von in
der Regel $\pm 0,1^{\circ}$ C und einer Teufendifferenz von etwa 10 m kann
der mittlere Temperaturgradient von ca. 30° C/km nur dann aufge-
löst werden, wenn eine Korrektur des Jahresganges der Temperatur angebracht wird. Ein wirtschaftlich nutzbares Wärmereservoir
in geringer Teufe äußert sich durch einen Temperaturgradienten
von etwa $0,1^{\circ}$ C/m, so daß die Prospektion in erster Linie zur
Lokalisierung einer Temperaturanomalie in zwei Teufen bei ca.
10 m Teufendifferenz erfolgt. Eine Abschätzung zur Ergiebigkeit der Wärmequelle kann dann nur sehr grob vorgenommen werden. Erst das Niederbringen tieferer Bohrungen, etwa bis zu 30 m,
ermöglicht eine gesicherte quantitative Berechnung, weil der
Jahresgang der Oberflächentemperatur in diesen Teufen nahezu
abgeklungen ist.

Die Oberflächentemperaturen markieren sehr deutlich Zonen mit
konvektivem Wärmetransport innerhalb eines Quellgebietes von
Thermalwässern [z.B. 6.21, 6.22, 6.46], so daß in der Anomalie
Bruchzonen lokalisiert werden können, die die Lage für Förderbohrungen festzulegen helfen. In den Abb. 6.4 und 6.5 sind
in einem etwa 1 km^2 großen Gebiet Süd-Japans die Temperaturverteilungen in 1 m bzw. 10 m Tiefe dargestellt und auf einem Profil die sich ergebenenden Temperaturgradienten ($\Delta T/\Delta z$) angegeben (Abb. 6.6). Unter Beachtung der unterschiedlichen Wärmeleitfähigkeiten (K) kann nach

$$Q = K \ dT/dz \approx K \ \Delta T/\Delta z \qquad (6.4)$$

eine Verteilung der Wärmeflußdichte Q berechnet werden (Abb. 6.7).

Die Wärmeflußdichte enthält zwei Anteile, einen konduktiven
und einen konvektiven Anteil. Neben dem konvektiven Anteil sind
eventuell vorhandene Thermalwasser- bzw. Dampfquellen gesondert zu berücksichtigen, weil die mitgeführte Wärmemenge nicht
vollständig entlang der Aufstiegswege an das Nebengestein abgegeben wird, so daß sich zur Abschätzung der Ergiebigkeit der
Wärmequelle q innerhalb der Anomalie mit der Fläche F der folgende Ausdruck ergibt:

$$q = \quad Q \ F + s \ \rho \ c \ (T_1 - T_0) + \rho \ s \ \sigma \qquad (6.5)$$

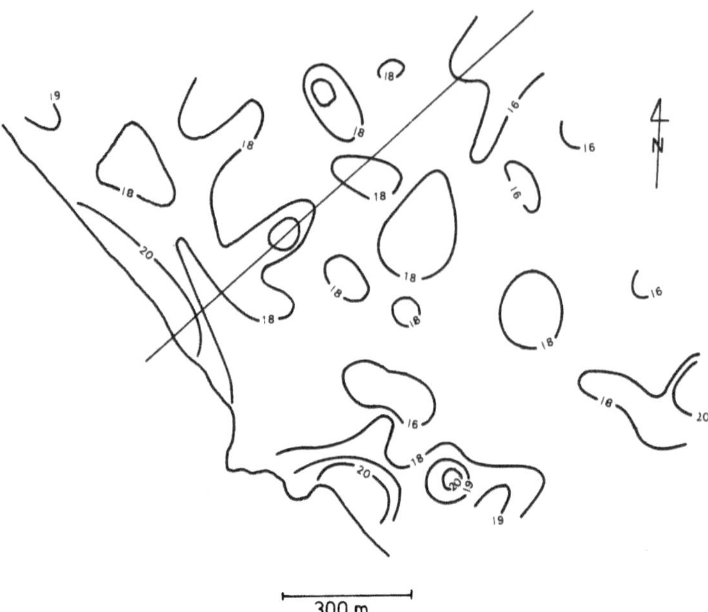

Abb. 6.4. Temperaturverteilung [$^{\circ}$C] in der geothermischen Anomalie bei Ibusuki (Süd-Japan) in 1 m Tiefe (nach [6.46])

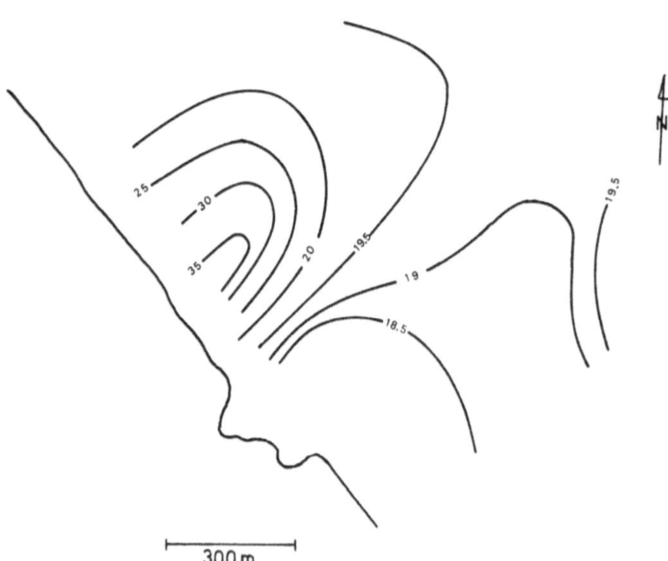

Abb. 6.5. Temperaturverteilung [$^{\circ}$C] in der geothermischen Anomalie bei Ibusuki (Süd-Japan) in 10 m Tiefe (nach [6.46])

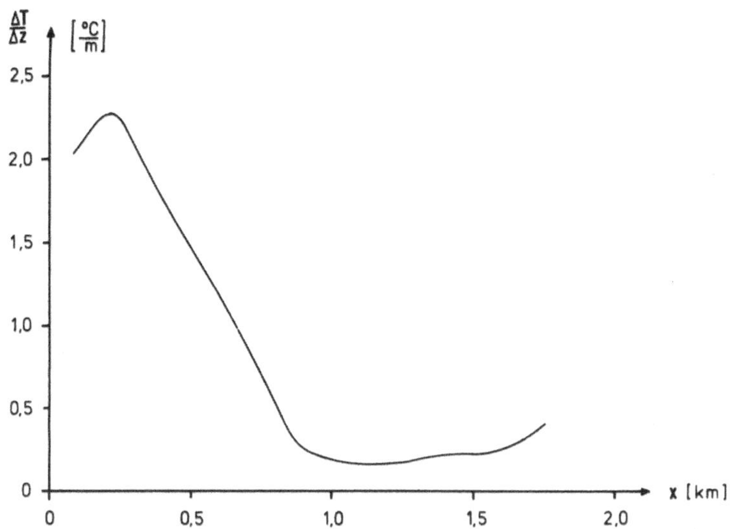

Abb. 6.6. Temperaturgradient in Oberflächennähe in der geothermischen Anomalie bei Ibusuki (Süd-Japan), Profil nach Abb. 6.4

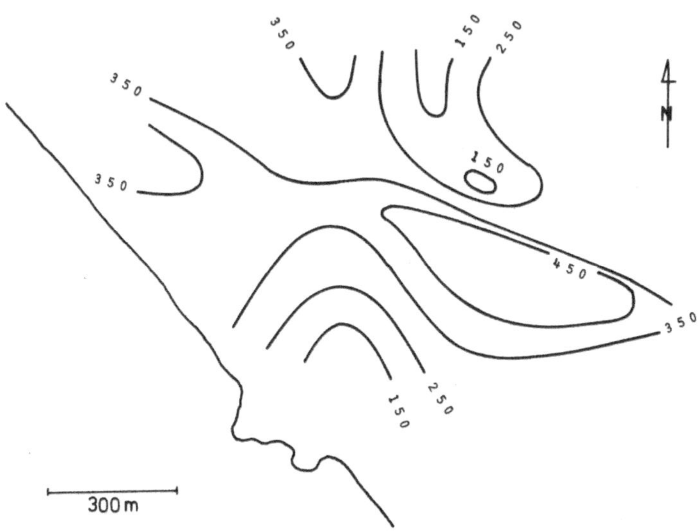

Abb. 6.7. Wärmeflußdichte [mW/m²] an der Oberfläche in der geothermischen Anomalie bei Ibusuki (Süd-Japan) (nach [6.46])

mit s der Schüttung der Quellen (Liter/Sekunde), ρ der Dichte
und c der spezifischen Wärme des Thermalwassers bzw. Dampfes,
σ der Kondensationswärme im Falle vorhandener Dampfquellen, T_1
der Temperatur im betrachteten oberen Niveau und T_0 derjenigen
an der Erdoberfläche.

Die Ergiebigkeit q gibt darüber Aufschluß, ob die Anomalie bei
wirtschaftlicher Nutzung eine ausbeutbare "Lagerstätte" darstellt oder ob die Leistung für eine kontinuierliche, zeitlich
unbegrenzte Nutzung ausreicht [6.41].

6.1.2.3 Gravimetrische Messungen

Die Gravimetrie ist für sich allein keine Methode zur Prospektion auf unbekannte Wärmereservoire. Jedoch ist ihre Anwendung
innerhalb einer Anomalie sehr hilfreich.

Die gravimetrischen Ergebnisse dienen vor allem der Aufklärung
der geologischen Struktur, die ihrerseits wichtige Anhaltspunkte zur Lage des Maximums in der Wärmeanomalie und zum Ab-
teufen von Bohrungen liefert.

Die großen geothermischen Anomalien sind in vulkanisch aktiven
Gebieten gelegen, so daß die Heißwasser- bzw. Dampfreservoire
an Schichten hoher Porosität gebunden sind. Die im Vergleich
zu den Gebieten außerhalb des Reservoirs höhere Porosität erscheint der niedrigeren Dichte wegen als negative Schwereanomalie. Des weiteren haben Bruchzonen auch eine höhere Porosität und verursachen sehr lokale negative Schwereanomalien, die
einerseits Aufstiegswege von Thermalwasser bzw. Dampf markie-

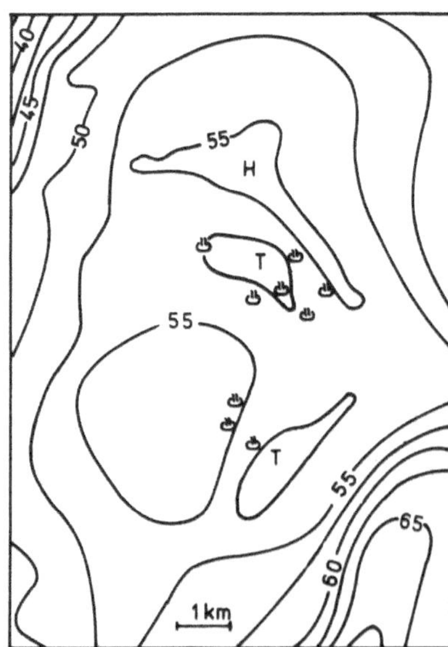

Abb. 6.8. BOUGUER-Karte [mgal] aus
dem Gebiet der geother-
mischen Anomalie bei Ha-
kone (Japan) mit Schwere-
Tiefs (T) und -Hoch (H)
sowie der Verteilung von
Thermalquellen

ren, wie in Abb. 6.8 veranschaulicht, und andererseits auch eine Kartierung der Bruchzonen ermöglichen. Aus dem System der Bruchzonen kann die Größe von einzelnen Teilreservoiren abgeschätzt werden.

Neben der qualitativen Prospektion ist häufig eine quantitative Temperaturabschätzung möglich (vgl. Abschn. 5.2.2.1), die auf der thermisch bedingten Dichteverminderung beruht. Die Temperatur im Wärmereservoir ist eine wichtige Größe, die wesentlich für oder gegen die Wirtschaftlichkeit einer Energienutzung spricht.

6.1.2.4 Geoelektrische Messungen

Die Verteilung des spezifischen elektrischen Widerstandes im Untergrund wird in der Grundwasserprospektion seit langem erfolgreich genutzt, und die Geoelektrik kann auch bei der Prospektion auf Wärmereservoire eingesetzt werden. Neben den Methoden, bei denen mit künstlichen elektrischen Feldern gearbeitet wird, findet auch die Messung der geoelektrischen Eigenpotentiale der natürlichen elektrischen Felder Anwendung.

Die geoelektrischen Verfahren werden sowohl zur Sondierung als auch zur Kartierung gutleitender Schichten eingesetzt. Die Schichten mit niedrigem spezifischen Widerstand können in der Regel als die gesuchten Heißwasserspeicher identifiziert werden (Abb. 6.9). Eine sprunghafte Abnahme des spezifischen Widerstandes ist für den Aquifer kennzeichnend.

Der spezifische Widerstand wird von der Porosität, vom Salzgehalt des Wassers und auch von der Temperatur bestimmt (vgl. Abschn. 5.2.2.2). In den Wärmereservoiren S-Japans hat sich gezeigt, daß die Thermalwässer im zerklüfteten, hydrothermal stark verwitterten Andesit in mehreren hundert Metern Teufe gespeichert sind und daß der spezifische Widerstand proportional dem Grad der Verwitterung, d.h. der mittleren Porosität der Schicht ist. Auf diese Weise ist es möglich, für diese speziellen Reservoire eine Abschätzung des jeweiligen Potentials der "Lagerstätte" aus den spezifischen Widerständen der Aquifer zu erhalten [6.34], weil Temperaturen und Salzgehalte vergleichbar sind. Aus verschiedenen Sondierungskurven läßt sich ein Querschnitt des Untergrundes erstellen, aus dem der Verlauf von Bruchzonen erkennbar ist. Ihr Verlauf (Abb. 6.10) hilft auch, die Standorte von Förderbohrungen festzulegen.

Bei der Messung natürlicher elektrischer Felder werden Eigenpotentiale genutzt, die bei der Migration eines Elektrolyten durch eine permeable Schicht entstehen (= Filtrationspotential). Diese elektrokinetischen Potentiale übertreffen erheblich die in einer geothermischen Anomalie auch auftretenden thermoelektrischen Potentiale [6.12, 6.32]. Da innerhalb einer geothermischen Anomalie meist ein ausgeprägtes Hydrothermalsystem existiert, ist die Eigenpotentialmethode zur Prospektion auf Wärmereservoire häufig gut geeignet. Die Berechnung der Filtra-

118

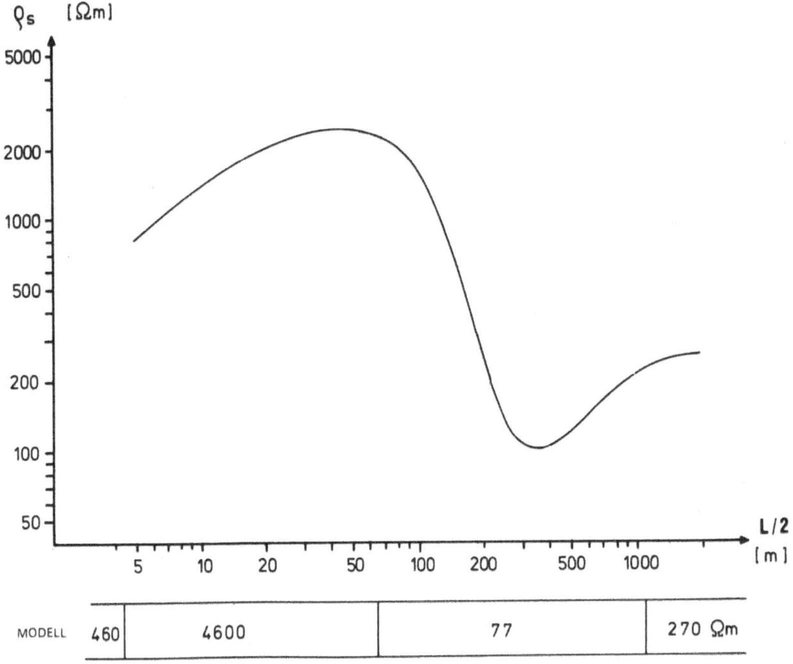

MODELL | 460 | 4600 | 77 | 270 Ωm

Abb. 6.9. Scheinbarer spezifischer Widerstand (ρ_S) in Abhängigkeit von der Elektrodenauslage (L) einer Sondierung nach Schlumberger sowie Modell des Untergrundes in der geothermischen Anomalie bei Otake (Süd-Japan) nach [6.34]

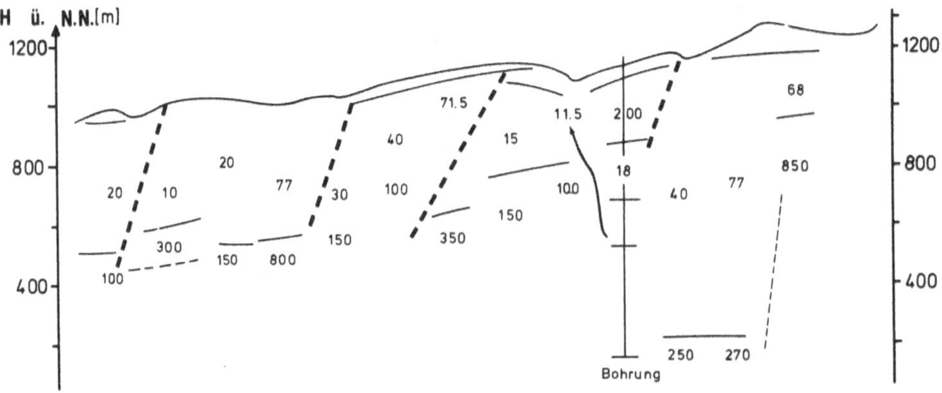

Abb. 6.10. Verteilung der spezifischen Widerstände (Ωm) auf einem Krustenquerschnitt in der geothermischen Anomalie bei Otake (Süd-Japan) nach [6.34]

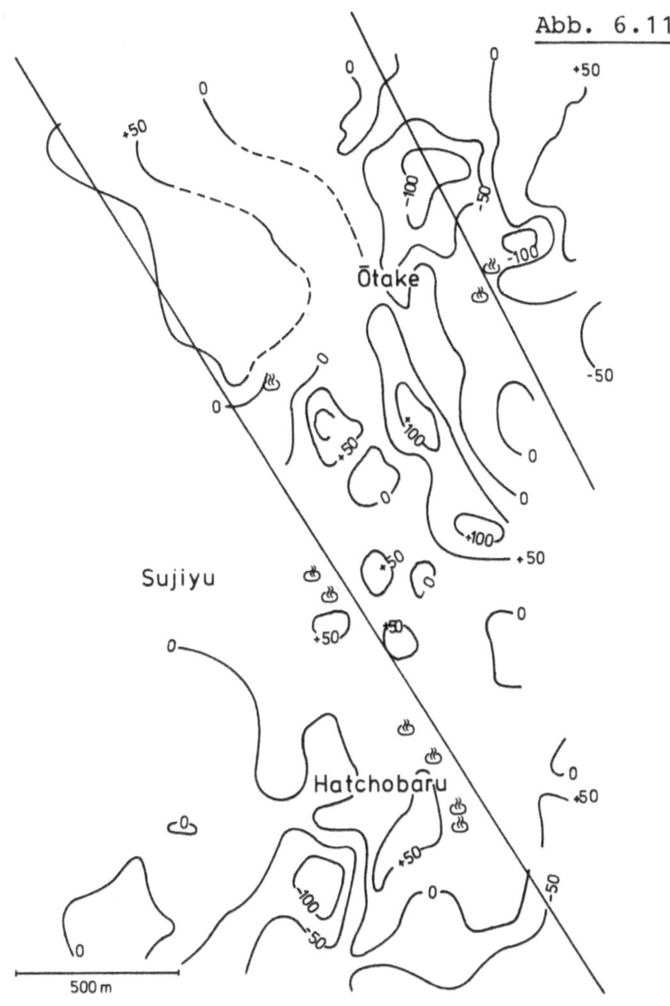

Abb. 6.11. Eigenpotential [mV] und Bruchzonen in der geothermischen Anomalie bei Otake und Hatchobaru (Süd-Japan) nach [6.34] mit Lage der Thermalquellen

tionspotentiale ist wegen der zahlreichen Parameter, wie Druckdifferenz, Zähigkeit und spezifischer Widerstand kaum möglich.
Im allgemeinen nimmt die Potentialdifferenz sowohl mit der
Druckdifferenz als auch mit dem spezifischen Widerstand der
Porenflüssigkeit proportional zu. Das Vorzeichen des Potential-
gefälles ist im allgemeinen bei absteigenden Wässern negativ
und bei aufsteigenden positiv [6.30].

Der thermoelektrische Effekt tritt auf, sobald Temperaturdifferenzen entstehen. Das entstehende Potentialgefälle (ΔU) ist
dem Temperaturunterschied (ΔT) proportional. Der Proportionalitätsfaktor liegt im Bereich zwischen $\Delta U/\Delta T \approx 0$ und ca.
1,5 mV/$^{\circ}$C [6.12].

Die Eigenpotentiale werden von vielen störenden Effekten überlagert, wie langperiodischen tellurischen Strömen, topogra-

phisch bedingten Strömungspotentialen, elektrochemischen Effekten und anderen. Eine quantitative Auswertung von Messungen
im Hinblick auf eine Temperaturermittlung oder eine Bestimmung
der Menge aufsteigender Thermalwässer ist zur Zeit nicht möglich.

Als Beispiel ist die Eigenpotentialmessung im Bereich der geothermischen Anomalie von Otake/Hatchobaru (S-Japan) angegeben
[6.34]. Die Anomalie liegt im Bereich hoher positiver bzw. ne-
gativer Eigenpotentiale, die etwa von der 0 mV-Äquipotential-
linie eingeschlossen sind (Abb. 6.11). Die Karte zeigt auch
eine gute Übereinstimmung der Eigenpotentialanomalien mit der
Lage der Thermal- bzw. Dampfquellen.

6.1.2.5 Seismische Methoden

Die Anwendung der Reflexions- und Refraktionsseismik bei der
Prospektion auf Wärmereservoire erfolgte bisher nur in wenigen
Gebieten [z.B. 6.28]. Es zeigt sich, daß die Laufzeitresiduen
der Kompressionswellen negativ sind, wenn die Wellen die geothermische Anomalie durchlaufen haben. Die Verzögerung in der
Laufzeit liegt in den untersuchten Gebieten bei etwa 0,2 Sekun-
den und ist auf die beiden charakteristischen Eigenschaften
eines hydrothermalen Wärmereservoirs zurückzuführen, und zwar
auf die erhöhte Porosität und auf die erhöhte Temperatur. Neben
der Geschwindigkeitsabnahme der Kompressionswellen innerhalb
der Anomalie werden auch die Amplitude und die Wellenfront verändert [6.28], der Absorptionskoeffizient ist dort größer (vgl.
Abschn. 5.2.2.5). Die Anwendung der Reflexions- bzw. Refraktionsseismik ist zur Lokalisierung tiefliegender Wärmereservoire
eher geeignet als zur Prospektion auf oberflächennahe Reservoire, die mit anderen Methoden besser erfaßt werden können.

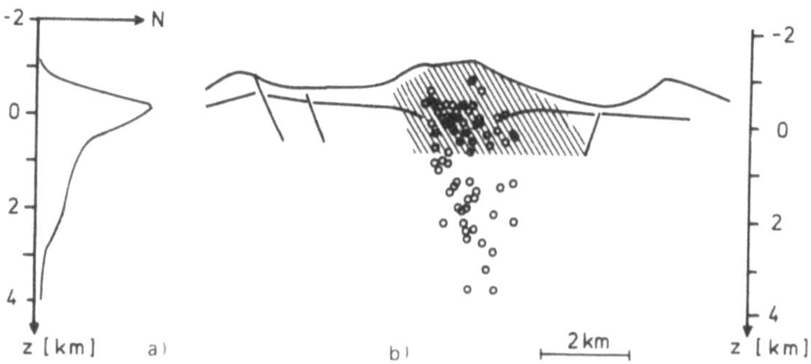

Abb. 6.12. Verteilung der Mikroerdbeben-Herde im Hakone-Gebiet/
Japan und Temperaturbereich über T = 100° C nach
[6.33]
a) Häufigkeits-Tiefen-Verteilung
b) Verteilung in der oberen Kruste (W-E-Profil)

Die in einer geothermischen Anomalie aufsteigenden Dämpfe bzw.
Wässer verursachen entlang ihrer Aufstiegswege hohe lokale Temperaturgradienten, die im Gestein zu Brüchen führen, und plötz-
liche Druckentlastungen erzeugen lokale Dampfexplosionen von
überhitzten Wässern. Solche lokalen Erscheinungen innerhalb einer Anomalie sind durch eine erhöhte Seismizität, d.h. durch
Mikroerdbeben angezeigt [z.B. 6.20, 6.43]. Es ist daher möglich, Wärmereservoire mit Temperaturen weit oberhalb von
$T = 100^\circ$ C, des Siedepunktes von Wasser unter Normaldruck, zu
lokalisieren. Ein Beispiel aus Mitteljapan zeigt Abb. 6.12.
Im Hakone-Gebiet, das zur Vulkangruppe des Fujiyama gehört, liegen die Zentren der Mikrobeben zwischen der Oberfläche und einer
Tiefe von etwa 5 km. Ihre Epizentren schließen eine Fläche von
ca. 7 km^2 ein. Diese Fläche umfaßt auch das Maximum der geothermischen Anomalie, womit anhand eines Beispiels der Zusammenhang
zwischen Wärmereservoir und erhöhter Seismizität veranschaulicht wird.

6.2 Nutzung der geothermischen Energie

Die älteste Art, wie sich die Menschheit geothermische Energie
zunutze macht, ist die Verwendung warmen Wassers in Bädern.
Die Thermalbäder stellten in der Zeit des römischen Imperiums
in Europa und im östlichen Mittelmeerraum einen anfänglichen
Höhepunkt in der Erdwärmenutzung dar. Die medizinische und ge-
sellschaftliche Bedeutung der Thermen trat jedoch in den Vor-
dergrund und nicht das Bewußtsein, Erdwärme zu nutzen. In den
Breiten mit kaltem und gemäßigtem Klima wurden an den begünstigten Stellen der Erde wie auf Island auch weitere Verwen-
dungsmöglichkeiten von heißen Quellen(z.B. Kochen und Heizen)
herausgefunden. Obwohl die Bedeutung der Thermalbäder zur Hei-
lung und Erholung auch heute noch ständig steigt, wird die Nutzung der Quellen nicht unter dem Aspekt der Erdwärmenutzung gesehen, weil gemeinhin unter Nutzung geothermischer Energie der
Ersatz von fossilen Energieträgern gemeint ist. Schuldhaft an
diesem einseitigen Verständnis hat die Entwicklung seit dem
vergangenen Jahrzehnt beigetragen, seit versucht wird, die er-
kannte Abhängigkeit von den limitierten fossilen Energiereserven zu verringern. Seit dieser Zeit wird besonderes Schwerge-
wicht in der Energieforschung auch auf die geothermische Energie gesetzt [z.B. 6.23, 6.45]. Eine weitere Intensivierung in
der technologischen Entwicklung der Erdwärmenutzung brachte die
Suche nach nichtnuklearen Energiequellen, nachdem vor einigen
Jahren die Problematik in der Kernenergie-Nutzung gewachsen war.

Die Betrachtung der Erdwärme als Primärenergie erschließt einen
großen Anwendungsbereich für Beheizungen aller Art (Wohnraum,
Hallen, Gewächshäuser, Trocknungsanlagen usw.). Die Heizung mittels Erdwärme ist heute noch wegen zu hoher Investitionskosten
nur an bevorzugten Orten ökonomisch, d.h. wo mit minimalen Kosten heißes Wasser gefördert werden kann.

Die Nutzung von Erdwärme mit niedriger Enthalpie steht hinter
den gegenwärtigen Zielen der Energieforschung zurück, Erdwärme
mit höherer Enthalpie zur Verstromung auszubeuten. Die Umwandlung der zum Transport wenig geeigneten Wärmeenergie in die
leichter transportable elektrische Energie, die darüberhinaus
auch allgemeinere Verwendung findet, ist das Hauptziel, das bei
der Erdwärmenutzung zur Zeit angestrebt wird. Die Verstromung
erfolgt mit zwei unterschiedlichen Systemen. Zum einen kann,
wenn die Wärmeenergie im Dampf gespeichert ist, eine Turbine
mit Generator direkt betrieben werden. Dieses Verfahren ist das
heute allgemein angewandte. Zum anderen muß die Wärmeenergie,
wenn sie vorwiegend im heißen Wasser nahe dem Siedepunkt gespeichert ist, über einen Wärmeaustauscher auf einen sekundären
Wärmeträger übergeben werden. Der in sich geschlossene Sekundärkreislauf wird von einer unter 100° C siedenden organischen
Flüssigkeit gebildet, deren Dampf die Turbine betreibt. Zu dieser Art Verstromung gibt es nur Versuchsanlagen.

Die aus dem Untergrund geförderten heißen Wässer und/oder Dämpfe
enthalten einen sehr unterschiedlich hohen Anteil an gelösten
Mineralien, die nicht nur technische Probleme, sondern auch Umweltprobleme schaffen. Diese Probleme bilden jedoch kein prin-
zipielles Hindernis bei der Nutzung geothermischer Energie.

6.2.1 Thermalwassernutzung in Bädern

Die heilende Wirkung bestimmter Quellen war schon in vielen
vergangenen Hochkulturen bekannt und bereits im 13. Jahrhun-
dert v.Chr. in der altindischen Kultur festgelegt. Frühgerma-
nische Kultstätten zeugen wie der Brunnenfund in Bad Pyrmont
von vorgeschichtlicher Nutzung bekannter Heilquellen [6.31].

Thermalquellen wurden in der Antike intensiv genutzt. Zunächst
nahmen mit Asklepiades die Heilquellen einen methodisch fun-
dierten Platz in der Medizin ein [6.6]. Später entwickelten sich
bei den Römern einfache Badehäuser unter dem göttlichen Schutz
von Herkulus zu aufwendigen Badeanlagen, Thermen mit Sonnenbä-
dern und körperlichen Trainingsstätten. Ein großer Förderer in
der Nutzung von Heilquellen war im 2. nachchristlichen Jahr-
hundert Claudius Galenos, und ein Höhepunkt in der Badekultur
wurde unter Kaiser M. Aurelius Antonius erreicht. Zahlreiche
deutsche Bäder besaßen bereits zu römischer Zeit pompöse Anlagen, wie beispielsweise Aachen (Aquae Grani), Baden-Baden
(Aquae Aurelia) und Wiesbaden (Aquae Matiacae). Die Römer för-
derten auch die Erschließung von Thermalquellen in ganz Mitteleuropa. Die öffentlichen Bäder und der private Bedarf an
Badeeinrichtungen mit Thermalwässern stellte in Europa aus heutiger Sicht einen anfänglichen Höhepunkt in der Nutzung geothermischer Energie dar, wenngleich diese Terminologie unbekannt war.

Auch in anderen Regionen der Erde, wo reichlich heiße Quellen
ihre Nutzung herausforderten, bildete sich eine Badekultur
aus. Sie spielt heute noch z.B. in Japan eine gewichtige Rolle.

Sehr viele japanische Hotels außerhalb der Großstädte besitzen
ihre eigene Thermalquelle, die das Wohlbefinden der Gäste noch
durch die Vorstellung eines der Gesundheit dienlichen Bades
steigern kann.

Viele Thermalquellen sind angereichert an bestimmten Spurenelementen, die medizinisch wirksam sind und so als bewährte Heilquellen zahlreiche Kurgäste anziehen. Häufig sind Gebiete mit
Thermalquellen tektonisch junge Bildungen, die auch landschaft-
lich reizvoll sind und so ihrerseits mit einem eigenen Frei-
zeit- und Erholungswert zum Wohlbefinden beitragen.

Die Heilquellen sind häufig auf eine Beteiligung vulkanischer
Restaktivität zurückzuführen, die sich durch Thermalquellen,
Dampfquellen, Mofetten, Solfataren und Fumarolen auszeichnet.
Überall auf der Erde sind Thermalquellen vulkanischen Ursprungs
mit unterschiedlicher Verteilungsdichte zu finden. Besonders
an den Grenzen tektonischer Großplatten ist ihre Aktivität deutlich (z.B. in Japan und auf Island).

Eine andere Klasse der Thermalquellen ist sedimentären Ursprungs. Während der Absenkung eines Sedimentbeckens bilden
sich Hydrothermalsysteme aus, an denen sowohl Porenwässer als
auch meteorische Wässer beteiligt sind. An Stellen vergleichsweise niedriger vertikaler Permeabilität steigen die in tieferen Schichten erwärmten vadosen Wässer als Thermalquellen zutage
(z.B. Pannonisches Becken). Vielfach sind Wässer unterschiedlichen Ursprungs miteinander vermischt und erlauben keine eindeutige Klassifizierung [z.B. 6.19].

Die Thermalwassernutzung in Ungarn wurde, wie auch in anderen
Gegenden Europas, von den Römern besonders gefördert. Noch heute
sind zahlreiche Bäder, die vor nahezu 2000 Jahren von ihnen erschlossen wurden, in Betrieb. In den letzten Jahrzehnten erhöhte
sich die Zahl der Thermalquellen dadurch erheblich, daß nicht-
höffige Erdölbohrungen zur Thermalwasserförderung genutzt wurden.
In Ungarn werden insgesamt 343 Thermalquellen genutzt [6.5],
von denen mehr als die Hälfte Heil- und Schwimmbäder versorgen.

Eine weitere Nutzung von Mineralquellen wurde durch Abfüllung
des Wassers in Flaschen ermöglicht. Der Handel mit Mineralwas-
ser hat in der Volkswirtschaft einen beachtlichen Anteil.

Die Thermalwassernutzung für Bäder aus der Sicht der Erdwärmenutzung ist nur ein kleiner Teilaspekt in der Wertschätzung der
Wässer. Bei dieser Art von Nutzung geothermischer Energie wird
besonders deutlich, daß Erdwärme als Energiequelle weit umfas-
sender zu verstehen ist als ein bloßer Ersatz von Erdölantei-
len im Gesamtenergieverbrauch. Zur Erhaltung und Wiederherstellung der menschlichen Arbeitskraft tragen auch in einem
erheblichen Maße indirekt oder direkt die Thermalquellen bei.
Diese Nutzung der Erdwärme im weitesten Sinne läßt sich nicht
in Megawatt ausdrücken und entzieht sich so der Statistik des
Energieverbrauchs.

6.2.2 Thermalwässer zur Raumbeheizung

In den Zonen gemäßigten und kalten Klimas wird ein Großteil der jährlich verbrauchten Energie für Heizzwecke verwendet. Die benötigte Wärme wird fast ausschließlich aus fossilen Brennstoffen gewonnen. Da für die Beheizung von Räumen schon relativ niedrige Temperaturen der Wärmequelle ausreichend sind, liegt auf diesem Anwendungsgebiet die Zukunft in der Nutzung geothermischer Energie. Das derzeitige Hindernis zum großzügigen Einsatz von Erdwärme ist nicht technischer Natur, sondern ein rein finanzielles Problem. Die Investitionskosten, die vor allem von den Bohrkosten bestimmt werden, liegen noch zu hoch, um rentabel die fossilen Brennmaterialien durch Erdwärme ersetzen zu können. Bei weiter steigenden Energiekosten wird einmal der Zeitpunkt erreicht werden, da der hohe Investitionsaufwand mit jedoch vergleichsweise niedrigen Betriebskosten zur Förderung der Erdwärme die hohen Betriebskosten beim Einsatz von Erdgas, Erdöl und Kohle kompensiert.

Die Erdwärme ist eine Energie, die an jeder Stelle der Erde vorhanden ist. Sie ist allerdings zum Zwecke der Raumheizung in unterschiedlichen Tiefen zugänglich, so daß bei den derzeitigen Bohrkosten ihr Einsatz nur an lokal begünstigten Stellen ökonomisch sinnvoll erscheint. In der Bundesrepublik Deutschland sind die größten Gebiete mit den günstigsten Bedingungen der Oberrheingraben und das Gebiet der geothermischen Anomalie bei Urach in der Schwäbischen Alb (vgl. Abschn. 4.1.5). Auch in Norddeutschland werden über Salzstöcke wegen der Leitfähigkeitsunterschiede zwischen Salz und der darüberliegenden Sedimentbedeckung Temperaturgradienten gemessen, die über dem regionalen Mittelwert liegen [z.B. 6.1].

Bei zu niedrigen Temperaturen des auszubeutenden Wärmereservoirs können Wärmepumpen eingesetzt werden, die bereits kommerziell erhältlich sind. Sie kühlen ihre Umgebung ab, indem eine bei niedriger Temperatur siedende Flüssigkeit der Umgebung die notwendige Verdampfungswärme entzieht. Nach Komprimieren des Dampfes wird an anderer Stelle die Wärme als Kondensationswärme wieder frei und erhöht dabei die Temperatur ihrer anderen Umgebung, z.B. im Wohnraum. Derartige Wärmepumpen können sogar bei den niedrigen Bodentemperaturen unseres Klimas eingesetzt werden. Der Nachteil beim Einsatz auf privatem Grund besteht jedoch darin, daß ihre Leistungen sehr beschränkt sind; sie brauchen eine große Oberfläche zum Entzug der Wärme, z.B. ein ganzes Gartengelände zum Betrieb als Zusatzheizung eines Einfamilienhauses.

Der Einsatz von Wärmepumpen ist jedoch noch weit universeller [z.B. 6.2]. Es kann niedrig temperiertes Wasser auf ein höheres Temperaturniveau gebracht werden, um den Anschluß an ein bestehendes Fernheizungsnetz zu ermöglichen. Mehrere Wärmepumpen können auch zu Kaskaden hintereinander geschaltet werden.

Die Extraktion der Wärme aus dem Grundwasser ist zwar bequem und technisch einfach, aber die Nutzung des Grundwassers würde

in vielen Fällen eine Störung im Fließsystem des Grundwasser-
leiters hervorrufen. Das Grundwasser kann in Wohngebieten daher
kaum als Wärmereservoir für Wärmepumpen infrage kommen. Die Förderung geothermischer Energie als Thermalwasser, d.h. als Tiefen-
wasser aus entsprechenden Bohrungen, erscheint als eine zweckmä-
ßige Energieform.

Das Thermalwasser sollte wenigstens 40 - 50° C warm sein. Kann
es nicht direkt genutzt werden, weil ein hoher Mineralanteil die
direkte Nutzung nicht erlaubt, muß seine Wärme auf ein Sekundärsystem über Wärmeaustauscher übertragen werden. Zur Vermeidung
von Umwelt- bzw. Bergschäden sollte das abgekühlte Wasser wieder
in den Aquifer an anderer Stelle eingespeist werden (vgl.
Abschn. 6.2.4). Die petrophysikalischen Bedingungen des Aquifer
und der Abstand zwischen Einspeisung und Entnahme entscheiden
die Lebensdauer eines derartigen Wärmereservoirs [z.B. 6.17].

Natürliche Hydrothermalsysteme,wie sie in Gebieten mit geothermischen Anomalien zur Verstromung genutzt werden, sollen zeitlich unbegrenzt und konstant Energie liefern. Es werden vadose
Wässer von einem Magmenherd als Wärmequelle kontinuierlich erhitzt, steigen evtl. in höhere Horizonte auf und werden aus einem Aquifer gefördert. Der Nachschub ist durch natürliche Migra-
tionswege meteorischer Wässer gewährleistet. In Gebieten ohne
Wasserreservoire in der Tiefe soll es die Technik in nächster Zukunft ermöglichen, die Wärme dem trockenen heißen Gestein zu
entziehen [6.18]. Es wird dabei von einer Bohrung ausgehend das
Gestein aufgebrochen, d.h. künstliche Spalte werden erzeugt,
durch die Wasser von der Oberfläche her hindurchgepumpt wird.
Das Wasser erwärmt sich dabei umso mehr, je langsamer es durch
die Spalte hindurchfließt und je höher die Temperatur der Austauschflächen ist. Bei sehr hohen Temperaturen kann es sogar
verdampfen. Forschungen auf diesem Gebiet der Energiegewinnung
werden vor allem in den Vereinigten Staaten gemacht, und zwar
am geothermisch anomalen Jemez Plateau (New Mexico), wo der fi-
nanzielle und technische Einsatz zur Extraktion der Wärme vergleichsweise gering gehalten werden kann [6.39].

Je nach Menge und Temperatur des Thermalwasserangebotes und je
nach den lokalen Abnehmern der Wärme kann die geothermische
Energie für Wohnraumheizung, zur Versorgung von Schwimmbädern,
für Gewächshäuser, Tierhaltung u.a. industrielle Zwecke eingesetzt werden. Sehr intensiv wird die Erdwärme in Island und Ungarn zur Beheizungvon Räumen genutzt. In Island wurden 1976 etwa
2/3 aller Wohnungen mit Erdwärme beheizt, und der Anteil der
geothermischen Energie am Gesamtenergieverbrauch betrug 31 %
[6.16]. Wenngleich in nächster Zukunft dem Anteil der Erdwärme
am Energiehaushalt einer Volkswirtschaft Mitteleuropas wohl
kaum eine solche Bedeutung wie der isländischen zukommen wird,
ist jedoch die geothermische Energie von lokaler Bedeutung.

Weit fortgeschritten ist die Nutzung in Ungarn [6.5], wo Thermalwässer aus nahezu 300 Bohrungen als Primärenergiequelle dienen. Die Hälfte der Bohrungen liefert Wasser mit über 60° C.
Die meisten dieser heißen Wässer werden in den landwirtschaft-
lichen Betrieben eingesetzt, wie zur Beheizung von Gewächshäusern, in der Tierhaltung und für Trocknungsanlagen. Gleich an

zweiter Stelle der Nutzung stehen die Thermal- und Schwimmbäder, wo die niedriger temperierten Wässer zum überwiegenden
Teil eingesetzt werden (Abb. 6.13).

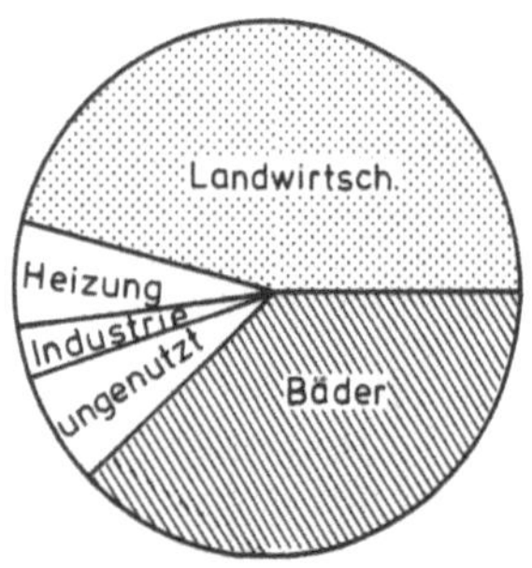

Abb. 6.13. Nutzung von Thermalwässern in
Ungarn bei einer Gesamtleistung
von 1,17 GW [6.5]

Anstrengungen zur Nutzung von Erdwärme aus Thermalwässern werden seit Mitte der 70er Jahre in nahezu allen europäischen
Staaten unternommen, um den Energieanteil aus fossilen Reser-
voiren zu senken [z.B. 6.4, 6.14, 6.26, 6.37]. Während Island
besonders favorisiert ist zur Ausbeutung geothermischer Energiequellen, ist die Erdwärme im Pannonischen Becken unter größeren
Anstrengungen zu fördern. Nun ist in Ungarn der mittlere Temperaturgradient des Untergrundes noch immer höher als z.B. in
Frankreich, wo in letzter Zeit im Pariser Becken und im Rheingraben [z.B. 6.13, 6.27] Thermalwässer über Wärmeaustauscher
Energie an bestehende Fernheiznetze abgeben.

Auch in der Bundesrepublik Deutschland soll versucht werden,
Thermalwasser aus dem Rheingraben bei Bühl zu fördern und über
Wärmeaustauscher an ein Heizsystem anzuschließen [6.37].

6.2.3 *Umwandlung in elektrische Energie*

Neben der Nutzung der Erdwärme als Primärenergie ist ihre Umwandlung in elektrische Energie von großer Bedeutung, nicht nur wegen der vielseitigen Verwendbarkeit dieser Energieform, sondern
auch wegen ihrer leichten Transportierbarkeit: Es ist nur der
Anschluß bis zum nächsten Verbundnetz notwendig. Ein Nachteil
gegenüber den konventionellen Kraftwerken ist der thermodyna-
misch bedingte geringe Wirkungsgrad bei der Verstromung der
relativ niedrig temperierten geothermischen Energie in Form von
Dampf mit Temperaturen um 200° C oder gar Wasser mit etwa 100° C;
auch die Drücke sind wesentlich niedriger als bei konventionellen
Anlagen.

Die Verwendung natürlicher Dampfvorkommen zum Antrieb von Gene-
ratoren wurde bereits im Jahre 1904 versucht, als in Italien
(Larderello/Toskana) der erste mit geothermischer Energie ge-
speiste Generator in Betrieb genommen wurde. 1913 hatte die An-
lage schon eine Kapazität von 250 kW. Fast die 200-fache elektrische Energie wird derzeit in Italien aus geothermischer Ener-

gie gewonnen. Sehr zögernd wurde schließlich in verschiedenen Ländern mit der Nutzung der Erdwärme zur Elektrizitätserzeugung begonnen. In den fünfziger Jahren wurde das Wärmereservoir von Wairakei/Neuseeland erschlossen, und dann folgten zehn Jahre später eine Anzahl von Ländern mit der Errichtung von geothermischen Kraftwerken in besonders geeigneten Gegenden der USA, von Japan, Mexiko, El Salvador, Island, der UdSSR u.a.

Der Durchbruch kam erst, als bewußt wurde, daß die fossilen Energiereserven bei dem stetig steigenden Energieverbrauch bald zu erschöpfen drohen. Die jährlichen Zuwachsraten der Leistung geothermischer Kraftwerke liegen derzeit bei etwa 20 %. Es werden fast ausschließlich Dampfvorkommen zur Verstromung genutzt.

6.2.3.1 Nutzung von Dampfvorkommen

Die Ausbeutung von Dampfvorkommen in geringen Teufen verspricht derzeit den größten wirtschaftlichen Nutzen, weil die Produktionsbohrungen mit den geringst möglichen Kosten niedergebracht werden können und der Dampf gegenüber dem Wasser den höheren Wirkungsgrad bei der Verstromung ermöglicht.

In Italien, dem Land mit der längsten Tradition geothermischer Kraftwerke, wird etwa 1/3 der auf der ganzen Welt aus geothermischen Kraftwerken erzeugten elektrischen Energie produziert. Die Kraftwerke werden vor allem aus dem Gebiet von Larderello, aber auch aus dem Monte-Amiata-Gebiet gespeist, und erzeugen derzeit etwa 450 MW Strom. Die USA haben mit der Nutzung des großen Dampfvorkommens "The Geysers" in Kalifornien mit einer kleinen 12 MW-Anlage 1960 begonnen. Bereits 1976 erzeugten sie 522 MW und planen,bis 1986 eine Kapazität von weiteren 1,6 GW elektrischer Energie zu erzeugen [6.2]. Das dritte Land mit sehr intensiver Nutzung eines geothermischen Reservoirs ist Neuseeland. Im Gebiet von Wairakei wurde in den fünfziger Jahren Neuseelands erstes Kraftwerk errichtet, wo heute über 200 MW erzeugt werden. Ein Beispiel in der Nutzung vieler kleinerer Wärmereservoire zeigt Japan, wo in 7 geothermisch anomalen Gebieten Dampfquellen zur Stromerzeugung genutzt werden. Sie erzeugen zusammen etwa 200 MW Strom. Die Bedeutung, die die geothermische Energie in den vergangenen zehn Jahren erlangte, kann gut am Beispiel Japans demonstriert werden (Tab. 6.2, Abb. 6.14).

Der Welterzeugung von Strom aus geothermischer Energie betrug 1976 ca. 1,4 GW. Die Leistung soll sich bis 1981 mehr als verdoppelt haben [6.2]. Andere [6.29] schätzen gar die Erzeugung bis 1985 auf 12 GW.

Die Funktionsweise eines geothermischen Kraftwerkes ist im Prinzip einfach: Der am Bohrlochkopf austretende Dampf wird einer Turbine zugeleitet,und der damit angetriebene Generator erzeugt die elektrische Energie. Die technische Durchführung ist jedoch weit komplizierter.

Tabelle 6.2 Geothermische Kraftwerke in Japan

Ort	Jahr der Inbetriebnahme	Elektr. Leistung [MW]
Matsukawa	1966	22
Otake	1967	13
Onuma	1973	10
Hatchobaru	1977	50
Kakkonda	1977	50
Onikobe	1977	25
Nigorikawa	(1982)	(50)

Abb. 6.14. Entwicklung der Erdwärmenutzung zur Stromerzeugung in Japan

Der am Bohrkopf austretende Dampf kann einen hohen Flüssigkeits-
anteil haben. Je nachdem, ob das Wasser im Reservoir bereits als
Dampf vorhanden ist oder das Wasser erst im Bohrloch aufgrund
der Druckentlastung und der damit verbundenen Erniedrigung der
Siedetemperatur zu verdampfen beginnt, ist der Flüssigkeitsan-
teil verschieden hoch. Mit der Verdampfung ist auch eine erhebliche, durch die hohe Verdampfungswärme bedingte Abkühlung verbunden. Es muß nun zunächst der Dampf von der Flüssigkeit ge-
trennt werden. Nach der ersten Trennung wird der Wasserdampf aus
gewöhnlich mehreren Produktionsbohrungen in einem Sammelkessel
(Abb. 6.15) vereinigt. Nach einer nochmaligen Abtrennung von
weiterem kondensierten Wasser wird der Dampf der Turbine zugeführt. Im allgemeinen sind die Turbinen so konstruiert, daß der
Dampf in der Turbine z.T. kondensiert (Kondensationsturbine).
Im Kraftwerk Hatchobaru/Japan ist eine Turbine eingesetzt, die
das im Separator kondensierte Wasser erneut unter Druckvermin-

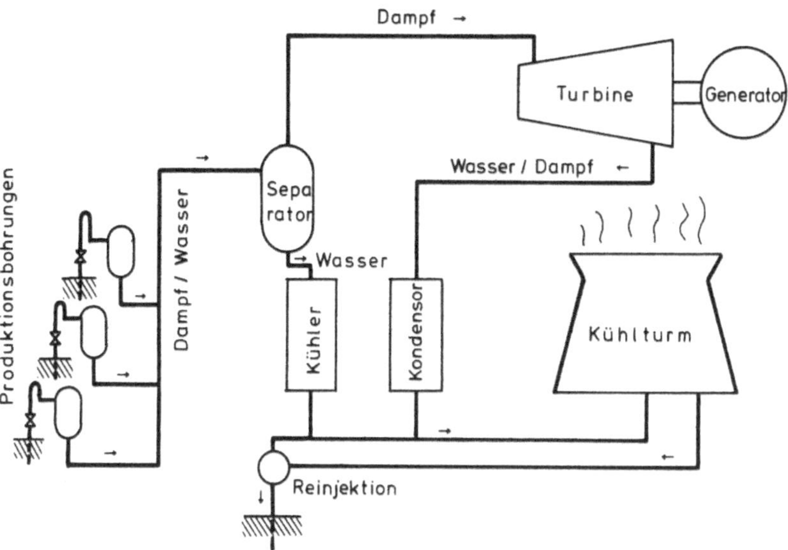

Abb. 6.15. Schematische Darstellung zum Aufbau eines geothermischen Kraftwerkes

derung sieden läßt und auch diesen Dampf der Turbine zuleitet, um die geothermische Energie noch effektiver auszunutzen. Das heiße Wasser und der restliche Wasserdampf werden in Kühlungssystemen bis in der Regel unter 40° C abgekühlt. Aus zweierlei Gründen wird das warme Wasser am Erdboden nicht sich selbst überlassen: Zum einen sind die Wässer häufig zu stark mineralisiert und schaden der Umwelt (Abschn. 6.2.4); zum anderen kann die Ausbeutung eines Wasserreservoirs zu Bergschäden führen. Beides wird vermieden, indem das mineralreiche, chemisch meist nicht neutrale Wasser in die Erde durch ein Injektions-Bohrloch zurückgepumpt wird.

Die mineralreichen und chemisch sehr aggressiven Wässer führen dazu, daß die Rohrleitungen durch Ablagerung von mineralischen Stoffen (z.B. SiO_2) ziemlich schnell, in der Größenordnung eines Jahres, unbrauchbar werden und zu ersetzen sind. Die Turbinenräder müssen im Vergleich zu konventionellen Anlagen technisch öfter überholt werden.

6.2.3.2 Trockene heiße Gesteine als Energiequelle

Im vorangegangenen Abschnitt wird ein Wärmereservoir vorausgesetzt, das Wärme im heißen Wasser bzw. Dampf gespeichert hat und zur Entnahme des Wärmeträgers geeignet ist. Es muß daher im Aquifer eine genügend hohe Permeabilität vorhanden sein. Ist die Permeabilität zu klein und/oder ist überhaupt kein Wasser im Wärmereservoir, so müssen Techniken angewandt werden, die die Extraktion der Wärme aus dem trockenen heißen Gestein ermög-

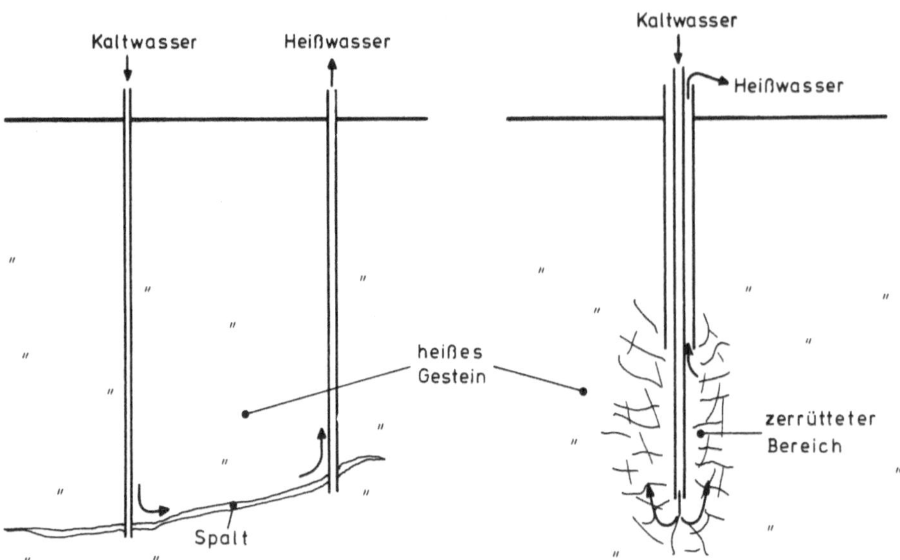

Abb. 6.16. Zwei Möglichkeiten zur Extraktion von Erdwärme aus trockenem heißen Gestein

lichen [z.B. 6.39]. Die Wärme kann nur mit Hilfe eines Thermophors an die Oberfläche gebracht werden. Es müssen zu diesem Zweck Wärmeaustauschflächen in der Tiefe geschaffen werden, die die Zirkulation von beispielsweise Wasser möglich machen. Wegen der schlechten Wärmeleitfähigkeit von Gesteinen sind große Austauschflächen notwendig. Zum einen lassen sich solche Austauschflächen durch hydraulisches Aufbrechen des Gebirges erzielen, eine Technik, die bei der Erdölförderung zur Verbesserung der Permeabilität des Erdölmuttergesteins schon lange angewandt wird. In einem verschlossenen Bohrloch wird der Innendruck soweit erhöht, bis das Gebirge aufbricht. Der erzeugte Spalt, mit einer Breite im Bereich von Millimetern, wird durch Einspülen von körnigem Material offen gehalten. Da kaum vorhersehbar ist, wie der Spalt verlaufen wird, muß er zur Nutzung als Wärmeaustauschfläche geortet werden. Eine zweite Bohrung ist nämlich notwendig zur Entnahme des im ersten Bohrloch eingespeisten Kaltwassers nach seiner Aufheizung im Spalt (Abb. 6.16). Zur zweiten Möglichkeit der Schaffung großer Austauschflächen wird im Bohrloch ein Sprengsatz (nuklearer) gezündet. In der unmittelbaren Umgebung zerrüttet das Gebirge sehr stark, und im weiteren Bereich entstehen zahllose Risse, die zwar die Porosität erhöhen, aber weit weniger stark die Permeabilität [z.B. 6.2].

Zum ersten Fall, dem hydraulischen Aufbrechen, gibt es seit einigen Jahren in mehreren Ländern Forschungsprojekte mit dem Ziel der gesteuerten Spalterzeugung. In Los Alamos/USA befindet sich ein geothermisches Kraftwerk, das die Wärme trockenem heißen Gestein entzieht, im Versuchsstadium [6.39]. Das Wärmereservoir hat Temperaturen in der Größenordnung von $T = 300^{\circ}$ C, so daß das eingespeiste Wasser in der Tiefe verdampft und der Dampf entweder direkt oder über einen Sekundärkreislauf einen Generator betreibt.

Bei der Wärmeextraktion aus dem durch Sprengung permeabel gemachten Gebirge ist ein einziges Bohrloch ausreichend. Innerhalb des Bohrloches verläuft ein Rohr mit kleinerem Durchmesser, durch das Kaltwasser bis auf den Boden des Zerrüttungsbereiches hinabgepumpt wird. Das ausfließende Wasser erwärmt sich, verdampft bei ausreichend hoher Gebirgstemperatur, und der Dampf strömt im Mantel zwischen Innenrohr und Bohrlochwand wieder an die Oberfläche. Auch mehrfach zusammenhängende Spalte sind dafür geeignet [z.B. 6.15]. Der Dampf kann direkt ober über einen Wärmeaustauscher einer Turbine zugeleitet werden.

6.2.3.3 Nutzung von heißem Wasser

So hoch temperierte Wärmereservoire, denen Wasserdampf entweder direkt oder im Falle von trockenem heißen Gestein nach Einspeisung von Kaltwasser entnommen werden kann, sind relativ selten im Vergleich zu den recht häufigen Wärmeanomalien mittlerer Temperatur. Zwar nimmt überall die Temperatur mit der Tiefe zu, so daß auch überall in bestimmter Teufe die Temperatur erreicht wird, die zum Verdampfen des Wassers ausreicht, jedoch wirken sich die Bohrkosten einschränkend aus. Sie wachsen mit der Teufe überproportional an.

Soll nun die geothermische Energie, die im Heißwasser gespeichert ist, verstromt werden, muß ein Sekundärsystem mit einer bei niedriger Temperatur siedenden Flüssigkeit eingesetzt werden. Das Sekundärsystem, betrieben mit z.B. Freon oder Isobutan, bildet mit der Turbine eine geschlossene Einheit. Das heiße Wasser überträgt Wärme in einem Wärmeaustauschsystem auf die organische Flüssigkeit, die verdampft und deren Dampf die Turbine antreibt [6.2]. Eine Versuchsanlage befindet sich in Paratunka/UdSSR mit einer Leistung von 0,75 MW in Erprobung.

Es werden derzeit keine sehr großen Anstrengungen zur technischen Verbesserung solcher Anlagen gemacht. Es wird vielmehr versucht, so tief zu bohren, daß Dampf statt Heißwasser genutzt werden kann. Wahrscheinlich liegt der Grund in der engbegrenzten elektrischen Leistung, die mit niedrig temperierten Wärmeträgern erzielt werden kann.

6.2.4 Umweltbelastung bei der Nutzung geothermischer Energie

Das sich in den letzten Jahrzehnten entwickelte Bewußtsein, in einer nicht beliebig belastbaren Umwelt zu leben, hat dafür Sorge getragen, daß bei der Neuentwicklung geothermischer Industrieanlagen ein besonderes Augenmerk auf die Umweltbelastung gelegt wird. Unbeachtete Vorsichtsmaßnahmen können zu biologischen Schäden durch austretende Gase oder Wässer sowie durch abgeleitete Abwärme führen. Ebenso können Bergschäden eintreten, die durch Ausbeutung von Wasserreservoiren im Untergrund verursacht werden.

Das geförderte Heißwasser und der Dampf aus der Tiefe können die hauptsächliche Umweltbelastung verursachen. Die ökonomisch ausbeutbaren Wärmereservoire in geringen Teufen sind in der Regel in vulkanisch aktiven Gebieten gelegen. Es sind daher an einem solchen Hydrothermalsystem nicht nur vadose Wässer, sondern auch fossile und juvenile Wässer beteiligt. Die vadosen Wässer sind zwar ursprünglich salzarm, können jedoch während ihrer Aufheizung auch Mineralkomponenten des Deckgebirges anlösen (Salze, auch Quarz) und an die Oberfläche transportieren. Fossile Wässer können sehr salzhaltig sein. Im Rheingraben beispielsweise sind Salzgehalte von mehreren Prozent in den Schichtwässern keine Seltenheit. Juvenile Wässer, die dem Magma als Differentiationsprodukt entstammen, enthalten vielfach giftige Bestandteile wie Schwefelwasserstoff, Arsen, u.a.

Die im Wasser bzw. im Wasserdampf enthaltenen Schadstoffe müssen abgetrennt werden, bevor das Abwasser ins Grundwasser eingeleitet wird bzw. der Dampf in die Atmosphäre. Eine weit praktikablere Methode als das Reinigen ist jedoch das Zurückpumpen der entnommenen Wässer in den Aquifer, allerdings in entsprechendem Abstand zu den Förderbohrungen, damit der genutzte Bereich des Wärmereservoirs nicht ausgekühlt wird. Das Zurückpumpen, auch Re-Injektion genannt, ist anwendbar auf Thermalwässer nach ihrem Gebrauch und auf Dampfkondensate. In Gebieten mit trockenem heißen Klima kann das Wasser sogar noch unter zusätzlicher Beheizung durch Thermalwässer eingedampft und die Salze industriell verwertet werden.

Nicht nur das Thermalwasser, sondern auch der Wasserdampf kann Schadstoffe , wie Schwefelwasserstoff, Bor, Arsen, Ammoniakgas, Quecksilber und Fluor (s. Tabelle 6.3) enthalten, die auf vielerlei Wegen in die Umgebung gelangen können.

<u>Tabelle 6.3.</u> Gehalte von Fremdstoffen [ppm] in Dampfkondensaten aus drei geothermischen Anomalien Japans nach [6.24]

Ort	HBO_2	NH_4	As	Hg	F
Matsukawa	2	17	0,03	0,06	1,1
Onikobe	1	2	–	0,3	0,6
Otake	0,3	0,5	0,01	0,02	0,2

Die quantitativ größten Gasbeimengungen im Dampf sind CO_2 und auch H_2S. Im geothermischen Feld The Geysirs/USA wurden 1975 täglich 28 Tonnen H_2S mit dem Dampf gefördert [6.35]. Mit dem Ansteigen der Kraftwerksleistungen steigt dann auch die Emission von H_2S, das jedoch technisch abgespalten und zu Schwefel aufbereitet werden kann. Die Emissionen von CO_2 liegen zwar in der Regel weit unterhalb derjenigen Werte, die in konventionellen Kraftwerken durch die fossilen Brennstoffe entstehen, jedoch sollte Vorsorge zur Erniedrigung dieser Emissionswerte getroffen werden, weil die Klimabeeinflussung durch höhere CO_2-

Gehalte in der Luft denkbar ist [6.2].Eine sehr hohe CO_2-Emission wird in Monte Amiata/Italien festgestellt.

Der Dampf kann auch SiO_2 als winzige Partikel enthalten, die nicht herausgefiltert in der Umgebung eines Kraftwerkes die Vegetation "silifizieren" wie in Wairakei/Neuseeland [6.2].

Des geringen thermischen Nutzeffektes wegen verläßt das verbrauchte Heißwasser die Turbine mit noch ziemlich hoher Temperatur. Wird das Heißwasser nicht weiter gebraucht, muß es in Kühltürmen auf weniger als 40° C abgekühlt werden, bevor es dem Oberflächenwasser beigemischt werden kann. Die Abwärme aus Kraftwerken ist aber kein spezifisch geothermisches Problem, sondern tritt sowohl bei konventionellen wie auch bei nuklearen Anlagen auf.

Während Thermalwässer nahezu "lautlos" genutzt werden können, verursachen die dampf-fördernden Bohrungen eine erhebliche Lärmbelastung durch das Ausströmen des stark entspannten Dampfes. Mit Schalldämpfern wird versucht, ein erträgliches Minimum zu erreichen.

Die Entnahme von Wasser aus einem abgeschlossenen Reservoir kann zu Bodensenkungen führen [6.40], die an der Erdoberfläche zu den vom Bergbau her bekannten Bergschäden führen. Solchen Schäden kann durch die Re-Injektion des Wassers vorgebeugt werden.

Alle bisherigen Fördergebiete geothermischer Energie zeigen ganz ortsspezifische Eigenschaften auf, die auch ganz individuell behandelt werden müssen. Im allgemeinen zeichnen sich bei der Nutzung geothermischer Energie keine erkennbaren Umweltprobleme ab, die nicht gelöst werden könnten.

7. ANHANG

Fehlerintegral nach GAUSS

$$\Phi(x) = \sqrt{\frac{2}{\pi}} \int_0^x \exp\left(-\frac{t^2}{2}\right) dt$$

x	$\Phi(x)$	x	$\Phi(x)$	x	$\Phi(x)$	x	$\Phi(x)$
0,02	0,0160	0,76	0,5528	1,52	0,8715	2,26	0,9762
0,04	0,0319	0,78	0,5646	1,54	0,8764	2,28	0,9774
0,06	0,0478	0,80	0,5763	1,56	0,8812	2,30	0,9786
0,08	0,0638	0,82	0,5878	1,58	0,8859	2,32	0,9797
0,10	0,0797	0,84	0,5991	1,60	0,8904	2,34	0,9807
0,12	0,0955	0,86	0,6102	1,62	0,8948	2,36	0,9817
0,14	0,1113	0,88	0,6211	1,64	0,8990	2,38	0,9827
0,16	0,1271	0,90	0,6319	1,66	0,9031	2,40	0,9836
0,18	0,1429	0,92	0,6424	1,68	0,9070	2,42	0,9845
0,20	0,1585	0,94	0,6528	1,70	0,9109	2,44	0,9853
0,22	0,1741	0,96	0,6629	1,72	0,9146	2,46	0,9861
0,24	0,1897	0,98	0,6729	1,74	0,9181	2,48	0,9869
0,26	0,2051	1,00	0,6827	1,76	0,9216	2,50	0,9876
0,28	0,2205	1,02	0,6923	1,78	0,9249	2,52	0,9883
0,30	0,2358	1,04	0,7017	1,80	0,9281	2,54	0,9889
0,32	0,2510	1,06	0,7109	1,82	0,9312	2,56	0,9895
0,34	0,2661	1,08	0,7199	1,84	0,9342	2,58	0,9901
0,36	0,2812	1,10	0,7287	1,86	0,9371	2,60	0,9907
0,38	0,2961	1,12	0,7373	1,88	0,9399	2,62	0,9912
0,40	0,3108	1,14	0,7457	1,90	0,9426	2,64	0,9917
0,42	0,3255	1,16	0,7540	1,92	0,9451	2,66	0,9922
0,44	0,3401	1,18	0,7620	1,94	0,9476	2,68	0,9926
0,46	0,3545	1,20	0,7699	1,96	0,9500	2,70	0,9931
0,48	0,3688	1,22	0,7775	1,98	0,9523	2,72	0,9935
0,50	0,3829	1,24	0,7850	2,00	0,9545	2,74	0,9939
0,52	0,3969	1,26	0,7923	2,02	0,9566	2,76	0,9942
0,54	0,4108	1,28	0,7995	2,04	0,9587	2,78	0,9946
0,56	0,4245	1,30	0,8064	2,06	0,9606	2,80	0,9949
0,58	0,4381	1,32	0,8132	2,08	0,9625	2,82	0,9952
0,60	0,4515	1,34	0,8198	2,10	0,9643	2,84	0,9955
0,62	0,4647	1,36	0,8262	2,12	0,9660	2,86	0,9958
0,64	0,4778	1,38	0,8324	2,14	0,9677	2,88	0,9960
0,66	0,4908	1,40	0,8385	2,16	0,9692	2,90	0,9963
0,68	0,5035	1,42	0,8444	2,18	0,9707	2,92	0,9965
0,70	0,5161	1,44	0,8501	2,20	0,9722	2,94	0,9967
0,72	0,5285	1,46	0,8557	2,22	0,9736	2,96	0,9969
0,74	0,5407	1,48	0,8611	2,24	0,9749	2,98	0,9971
0,76	0,5528	1,50	0,8663	2,26	0,9762	3,00	0,9973

$$\text{erf}(x) = \Phi(x\sqrt{2})$$

8. LITERATURVERZEICHNIS

Literatur zur Einleitung

[1] AEPINUS, F.A.: De distributione calor. per tellum, St.Petersburg 1761.
[2] BISCHOF, G.: Die Wärmelehre des Innern unseres Erdkörpers, Leipzig 1837.
[3] BUCH, L.von: Einige Bemerkungen über Quellen-Temperatur, Ann.Phys.Chem.88 (=12 Neue Folge), 403-418, 1828.
[4] BUFFON, Gr.von: Epochen der Natur, aus dem Französischen Les époches de la nature (Paris 1780), Leipzig 1782.
[5] CASSINI DE THURY, J.D.: Sur la température des souterrains de l'observatoire royal, Mémoires présentés par divers savants à l'académie Française, p.511,328-329,1786.
[6] DESCARTES, R.: Opera mathematica et philosophica, tom.I, principia philosophiae, Amsterdam 1692.
[7] FOURIER, M.: Théorie analytique de la chaleur, Paris 1822, dtsche Ausg. von B.Weinstein, Analytische Theorie der Wärme, Berlin 1884.
[8] HIRE, Ph.DE LA: in [5] Cassini de Thury.
[9] HOLMES, A.: Radioactivity and the Earth's thermal history, Geol.Mag. 52, 60-71 und 102-115, 1915.
[10] HOPKINS, W.: Researches in Geology, Philos.Trans.Roy.Soc. Lond. 129, 381-423, 1839; ibd. 130, 193-208, 1840; ibd. 132, 43-55, 1842.
[11] HUMBOLDT, A.von: Kosmos, Bd.1, 340ff.,Stuttgart und Tübingen 1845.
[12] HUNT, St.: The chemistry of the primeval Earth, Geol.Mag.5, 49-59,1868.
[13] INGERSOLL, L.R. & ZOBEL, O.I.: Mathematical theory of heat conduction, Boston 1913.
[14] JEFFREYS, H.: On the Earth's thermal history and some related geological phenomena, Gerl.Beitr.Geophys.18, 1-29, 1927.
[15] KIRCHER, A.: Mundus subterranus, Amsterdam 1665.
[16] KLÖDEN, K.F.: Über die Zunahme der Temperatur nach dem Innern der Erde, Jhrb.Min.,Geogn.,Geol.u.Petref. 2, 385-390,1831.
[17] KUPFFER, A.T.: Über die mittlere Temperatur der Luft und des Bodens auf einigen Punkten des östlichen Rußlands, Ann. Phys.Chem. 91 (=15 Neue Folge), 159-192, 1829.
[18] LEIBNIZ, G.W.von: Protogaea sive de prima facie telluris et antiquissimae historie vestigiis, Göttingen 1749.
[19] LIEBENOW, C.: Notiz über die Radiummenge der Erde, Phys. Ztschr. 5, 625-626, 1904.
[20] LYELL, Ch.: Principles of geology, 3 Bde., London 1830-1833.

[21] NEWTON, I.: Philosophiae naturalis principia mathematica
     (1687), dtsche Ausg. von J.Ph. Wolfers, mathematische
     Prinzipien der Naturlehre, Berlin 1872.
[22] PARROT, G.F.: Grundriß der Physik der Erde und Geologie,
     Riga und Leipzig 1815.
[23] RIVE, A. DE LA: in: Poisson, Von den Ursachen der Tempera-
     tur des Erdballs, Ann.Phys.Chem. $\underline{115}$ (=$\underline{39}$ Neue Folge),
     66-100, 1836.
[24] STRUTT, R.J.: On the radioactive minerals, Proc.Roy.Soc.
     Lond., Ser.A, $\underline{76}$, 88-101, 1905.
[25] THIENE, H.: Temperatur und Zustand des Erdinnern, Jena 1907.

Weiterführende Literatur zu: 1. Physikalische Grundlagen zur Wärmeleitung

CARSLAW, H.S. & JAEGER, J.C.: Conduction of heat in solids,
     2nd. ed., Oxford 1952.
TAUTZ, H.: Wärmeleitung und Temperaturausgleich, Weinheim/
     Bergstr. 1971.

Lehrbücher der Physik

Literatur zu: 2. Thermische Eigenschaften von gebirgsbildenden Gesteinen

[2.1] BALLING, N.P.: Geothermal models of the crust and the up-
       permost mantle of the Fennoscandian shield in south
       Norway and the Danish embayment, J.Geophys.$\underline{42}$, 237-
       256, 1976.
[2.2] BRIDGMAN, P.W.: The physics of high pressure, London
       (Bell & Sons) 1952.
[2.3] BUNTEBARTH, G.: Geophysikalische Untersuchungen über die
       Verteilung von Uran, Thorium und Kalium in der Erdkru-
       ste sowie deren Anwendung auf Temperaturberechnungen
       für verschiedene Krustentypen, Diss. TU Clausthal,
       Clausthal-Zellerfeld 1975.
[2.4] BUNTEBARTH, G.: Methoden zur Abschätzung der Wärmefluß-
       dichte aus dem oberen Mantel, Geol.Rdschau $\underline{65}$, 809-
       819, 1976.
[2.5] BUNTEBARTH, G. & RYBACH, L.: Linear relationships between
       petrophysical properties and mineralogical constitution
       - preliminary results, Tectonophys. (in press), 1980.
[2.6] ENGLAND, P.C.: Some thermal considerations of the Alpine
       metamorphism - past, present and future, Tectonophys.
       $\underline{46}$, 21-40, 1978.
[2.7] FIELITZ, K.: Untersuchungen zur Temperaturabhängigkeit
       von Kompressions- und Scherwellengeschwindigkeiten in
       Gesteinen unter erhöhtem Druck, Diss. TU Clausthal,
       Clausthal-Zellerfeld 1971.
[2.8] FUKAO, Y., MIZUTANI, H. & UYEDA, S.: Optical absorption
       spectra at high temperatures and radiative thermal con-
       ductivity of olivines,Phys.Earth Planet.Int.$\underline{1}$,57-62,1968.

[2.9]   HOLMES, A: Radioactivity and the Earth's thermal history,
        Geol. Mag. 52, 60-71 und 102-112, 1915.
[2.10] HURTIG, E. & BRÜGGER, H.: Wärmeleitfähigkeitsmessungen
        unter einaxialem Druck, Tectonophys. 10, 67-77, 1970.
[2.11] KANAMORI, H., FUJI, N. & MIZUTANI, H.: Thermal diffusi-
        vity measurement of rock-forming minerals from 300 to
        1100° K, J. Geophys. Res. 73, 595-605, 1968.
[2.12] KAPPELMEYER, O. & HAENEL, R.: Geothermics with special re-
        ference to application, Berlin-Stuttgart (Gebrüder
        Borntraeger), 1974.
[2.13] KAWADA, K.: Studies of the thermal state of the Earth.
        The 15th paper: Variation of thermal conductivity of
        rocks, Bull. Earthquake Res. Inst. Tokyo 42, 631-647,
        1964.
[2.14] Physikhütte (Hrsg.: HÜTTE Gesellschaft f. Technische In-
        formation), Bd. II, 29. Aufl., S. 392 (Ernst & Sohn),
        Berlin-München-Düsseldorf, 1971.
[2.15] KOBAYASHI, Y.: Anisotropy of thermal diffusivity in oli-
        vine, pyroxene and dunite, J. Phys. Earth 22, 359-373,
        1974.
[2.16] LABHART, T.P. & RYBACH, L.: Granite und Uranvererzungen
        in den Schweizer Alpen, Geolog. Rundschau 63, 135-147,
        1974.
[2.17] NAFE, J.E. & DRAKE, C.L.: in: M. Talwani, G.H. Sutton,
        J.L. Worzel: A crustal section across the Puerto Rico
        Trench, J. Geophys. Res. 64, 1548, 1959.
[2.18] RYBACH, L.: Wärmeproduktionsbestimmungen an Gesteinen der
        Schweizer Alpen, Beiträge zur Geologie der Schweiz,
        Geotechn. Serie, Lieferung 51, 1973.
[2.19] RYBACH, L.: Radioactive heat production in rocks and its
        relation to other petrophysical parameters, Pageoph
        114, 309-317, 1976.
[2.20] RYBACH, L. & BUNTEBARTH, G.: Heat generating radioele-
        ments in granitic magmas, J. Volcan.Geotherm. Resour-
        ces (in press) 1980.
[2.21] SASS, J.H.: The thermal conductivity of fifteen feldspar
        specimens, J. Geophys. Res. 70, 4064-4065, 1965.
[2.22] SCHATZ, J.F. & SIMMONS, G.: Thermal conductivity of
        earth materials at high temperatures, Journ. of
        Geophys. Res. 77, 6966-6983, 1972.
[2.23] SCHLOESSIN, H.H. & DVOŘÁK, Z.: Anisotropic Lattice ther-
        mal conductivity in Enstatite as a function of pres-
        sure and temperature, Geophys. J. R. astr. Soc. 27,
        499-516, 1972.
[2.24] SCHMUCKER, U.: Geophysical aspects of structure and com-
        position of the earth. in: K.H. Wedepohl (Ed.), Hand-
        book of Geochemistry, Vol. 1, 134-226 (Springer),
        Berlin-Heidelberg-New York, 1969.
[2.25] SEIBOLD, U. & GUTZEIT, W.: Untersuchungen der Druckab-
        hängigkeit der Wärmeleitfähigkeit einiger Gesteine,
        Gerl. Beitr. Geophys. 83, 498-504, 1974.
[2.26] STAUDACHER, W.: Die Temperatur-Leitfähigkeit von natür-
        lichem Olivin bei hohen Drucken und Temperaturen,
        Ztschr. Geophys. 39, 979-988, 1973.
[2.27] WAKITA, H., NAGASAWA, H., UYEDA, S. & KUNO, H.: Uranium,
        thorium and potassium contents of possible mantle ma-
        terials, Geochem. J. 1, 183-198, 1967.

[2.28] WALSH, J.B. & DECKER, E.R.: Effect of pressure and saturating fluid on the thermal conductivity of compact rock, J. Geophys. Res. 71, 3053-3061, 1966.
[2.29] WENK, H.-R. & WENK, E.: Physical constants of Alpine rocks (density, porosity, specific heat, thermal diffusivity and conductivity), Schweiz. Mineral. und Petrogr. Mitt. 49, 343-357, 1969.

Weiterführende Literatur zu: 3. Analytische Behandlung von konduktiven Temperaturausgleichsvorgängen in der Erdkruste

   CARSLAW, H.S. & JAEGER, I.C.: Conduction of heat in solids, 2nd. ed., London (Oxford Univ. Press) 1959.
   LOVERING, T.S.: Theory of heat conduction applied to geological problems, Bull. Geol. Soc. Am. 46, 69-94, 1935.
   MUNDRY, E.: Über die Abkühlung magmatischer Körper, Geol. Jb. 85, 755-766, 1968.
   TAUTZ, H.: Wärmeleitung und Temperaturausgleich, Weinheim/Bergstr. (Verlag Chemie) 1971.

Literatur zu: 4. Der thermische Zustand des Erdinnern

[4.1] ANDERSON, D.L.: Composition of the mantle and core, Ann. Rev. Earth Planet. Sci. 5, 179-202, 1977.
[4.2] BALKE, K.D.: Geothermische und hydrogeologische Untersuchungen in der südlichen Niederrheinischen Bucht, Geol. Jb., C, Heft 5, Hannover1973.
[4.3] BALLING, N.P.: Geothermal modelsof the crust and the uppermost mantle of the Fennoscandian shield in south Norway and the Danish embayment, J. Geophys. 42, 237-256, 1976.
[4.4] BIRCH, F.: Flow of heat in the Front Range, Colorado, Bull. Geol. Soc. Am. 61, 567-630, 1950.
[4.5] BODMER, Ph., ENGLAND, P.C., KISSLING, E. & RYBACH, L.: On the correction of subsurface temperature measurements for the effects of topographic relief, part II: Application to temperature measurements in the central Alps, in: V. Čermák & L. Rybach (Hrsg.), Terrestrial heat flow in Europe, 78-87, (Springer), Berlin-Heidelberg-New York 1979.
[4.6] BORCHERT, H.: Zur Petrologie der Lithosphäre in ihrer Beziehung zu geophysikalischen Diskontinuitäten, auch der Gesamterde, Gerl. Beitr. Geophys. 76, 257-277, 1967.
[4.7] BOSCHI, E.: Melting of iron, Geophys. J. Roy. Astron. Soc. 38, 327-334, 1974.
[4.8] BULLARD, E.C.: The disturbance of the temperature gradient in the earth's crust by inequalitiesof height, Month. Not. Roy. Astron. Soc., Geophys. suppl. 4, 360-362,1940.
[4.9] BUNTEBARTH, G.: Geophysikalische Untersuchungen über die Verteilung von Uran, Thorium und Kalium in der Erdkruste sowie deren Anwendung auf Temperaturberechnungen für verschiedene Krustentypen, Diss. TU Clausthal, Clausthal-Zellerfeld 1975.

[4.10] BUNTEBARTH, G.: Methoden zur Abschätzung der Wärmefluß-
        dichte aus dem oberen Mantel, Geol. Rdschau 65, 809-
        819, 1976.
[4.11] BUNTEBARTH, G.: The degree of metamorphism of organic mat-
        ter in sedimentary rocks as a paleogeothermometer,
        applied to the Upper Rhine Graben, in: L. Rybach & L.
        Stegena (Hrsg.), Geothermics and Geothermal Energy,
        83-91 (Birkhäuser), Basel 1978.
[4.12] BUNTEBARTH, G. & SCHOPPER, J.R.: Heat flow caused by wa-
        ter migration along faults in dependence on petrophy-
        sical parameters, Proc. Int. Congr. Thermal Waters,
        Geotherm. Energy and Vulcan. Mediterr. Area, Oct. 5-10,
        1976; Vol. II, 41-49, Athen 1976.
[4.13] BUNTEBARTH, G. & TEICHMÜLLER, R.: Zur Ermittlung der Pa-
        läotemperaturen im Dach des Bramscher Intrusivs auf-
        grund von Inkohlungsdaten, Fortschr. Geol. Rhld. u.
        Westf. 27, 171-182, 1979.
[4.14] ČERMÁK, V.: Heat flow map of Europe, in: V. Čermák & L.
        Rybach (Hrsg.), Terrestrial heat flow in Europe, 3-40,
        (Springer) Berlin-Heidelberg-New York 1979.
[4.15] CHAPMAN, D.S., POLLACK, H.N. & CERMAK, V.: Global heat
        flow with special reference to the region of Europe,
        in: V. Čermák & L. Rybach (Hrsg.), Terrestrial heat
        flow in Europe, 41-48,(Springer), Berlin-Heidelberg-
        New York 1979.
[4.16] CROUGH, S.T. & THOMPSON, G.A.: Thermal model of continen-
        tal lithosphere, J. Geophys. Res. 81, 4857-4862, 1976.
[4.17] DAVIS, E.E. & LISTER, C.R.B.: Fundamentals of ridge topo-
        graphy, Earth Planet. Sci. Lett. 21, 405-413, 1974.
[4.18] DAVIS, E.E. & LISTER, C.R.B.: Heat flow measured over the
        Juan de Fuca ridge: evidence for widespread hydrother-
        mal circulation in a highly heat transportive crust,
        J. Geophys. Res. 82, 4845-4860, 1977.
[4.19] DIETZ, R.S.: Continent and ocean basin evolution by
        spreading of the sea floor, Nature 190, 854-857,1961.
[4.20] DORF, E.: The use of fossil plants in paleoclimatic in-
        terpretation, in: A.E.M. Nairn (ed.), 13-31,(Inter-
        science), London-New York-Sydney 1964.
[4.21] EATON, J.P. & MURATA, K.J.: How volcanos grow, Science
        132, 925-938, 1960.
[4.22] ENGLAND, P.C.: On the correction of subsurface tempera-
        ture measurements for the effects of topographic
        relief, part I: Corrections in terrains with high
        relief, in: V. Čermák & L. Rybach (Hrsg.), Terre-
        strial heat flow in Europe, 74-77,(Springer), Berlin-
        Heidelberg-New York 1979.
[4.23] FRENZEL, B.: Die Klimaschwankungen des Eiszeitalters,
        (Vieweg), Braunschweig 1967.
[4.24] GIESEL, W. & HOLZ, A.: Das anomale geothermische Feld in
        Salzstöcken - Quantitative Deutung an einem Beispiel,
        Kali u. Steinsalz 5, 272-274, 1970.
[4.25] GILVARRY, J.J.: Temperatures in the Earth's interior,
        J. Atmosph. Terrestr. Phys. 10, 84, 1957.
[4.26] GRAHAM, E.K. & DOBRZYKOWSKI, D.: Temperatures in the
        mantle as inferred from simple compositional models,
        Am. Mineral. 61, 549-559, 1976.

[4.27] HÄNEL, R.: Untersuchungen zur Bestimmung der terrestri-
        schen Wärmestromdichte in Binnenseen, Diss. TU Claus-
        thal, Clausthal-Zellerfeld 1968.
[4.28] HÄNEL, R.: Eine neue Methode zur Bestimmung der terrestri-
        schen Wärmestromdichte in Binnenseen, Ztschr. Geophys.
        36, 725-742, 1970.
[4.29] HÄNEL, R.: A critical review of heat flow measurements in
        sea and lake bottom sediments, in: V. Čermák & L. Ry-
        bach (Hrsg.), Terrestrial heat flow in Europe, 49-73,
        (Springer), Berlin-Heidelberg-New York 1979.
[4.30] HESS, H.H.: History of ocean basins, in: Engel, A.E.J.,
        H.L. James & Leonard, B.F. (eds.), Petrologic studies,
        a volume in honor of A.F. BUDDINGTON, 599-620, (Geol.
        Soc. Am.) Boulder 1962.
[4.31] HIGGINS,G. & KENNEDY, G.C.: The adiabatic gradient and
        the melting point gradient in the core of the Earth,
        J. Geophys. Res. 76, 1870-1878, 1971.
[4.32] HOLMES, A.: Radioactivity and Earth movements, Trans.
        Geol. Soc. Glasgow 18, III, 559-606, 1931.
[4.33] HOLMES, A.: The machinery of continental drift: the
        search for a mechanism, in: Principles of physical
        geology, 505-509 (Nelson) London 1944.
[4.34] HORVÁTH, F., BODRI, L. & OTTLIK,P.: Geothermics of Hun-
        gary and the tectonophysics of the Pannonian basin
        "red spot", in: V. Čermák & L. Rybach (Hrsg.), Terre-
        strial heat flow in Europe, 206-217, (Springer), Ber-
        lin-Heidelberg-New York 1979.
[4.35] HURTIG, E. & ČERMÁK, V.: Mapping of the heat flow pat-
        tern in Europe, Rev. Roum. Géol. Géophys. et Géogr.-
        Géophysique 22, 73-82, Bucarest 1978.
[4.36] HURTIG, E. & OELSNER, Chr.: Heat flow, temperature di-
        stribution and geothermal models in Europe: some tec-
        tonic implications, Tectonophys. 41, 147-156, 1977.
[4.37] JACOBS, J.A.: The Earth's core, (Acad. Press) London-New
        York-San Francisco 1975.
[4.38] JEFFREYS, H.: The disturbance of the temperature gradient
        in the Earth's crust by inequalities of height, Mont.
        Not. Roy. Astron. Soc. Geophys. suppl. 4, 309-312, 1940.
[4.39] KAPPELMEYER, O. & HAENEL, R.: Geothermics with special re-
        ference to application, Berlin-Stuttgart (Gebrüder
        Borntraeger) 1974.
[4.40] KERTZ, W.: Einführung in die Geophysik I, (Bibliographi-
        sches Institut) Mannheim 1969.
[4.41] LACHENBRUCH, A.H.: Rapid estimation of the topographic
        disturbance to superficial thermal gradients, Rev.
        Geophys. 6, 365-400, 1968.
[4.42] LEES, C.H.: On the shapes of the isogeotherms under moun-
        tain ranges in radioactive districts, Proc. Roy. Soc.
        Ser. A 83, 339-346, 1910.
[4.43] LE PICHON, X.: Sea-floor spreading and continental drift,
        J. Geophys. Res. 73, 3661-3705, 1968.
[4.44] MORGAN, W.J.: Convection plumes in the lower mantle,
        Nature 230, 42-43, 1971.
[4.45] MÖLLER, F.: Einführung in die Meteorologie, Bd. 2: Physik
        der Atmosphäre (Bibliographisches Institut) Mannheim-
        Wien-Zürich 1973.

[4.46] MUNDRY, E.: Berechnung des gestörten geothermischen Feldes mit Hilfe eines Relaxationsverfahrens, Z. Geophys. 32, 157-162, 1966.
[4.47] PARKER, R.L. & OLDENBURG, D.W.: Thermal model of ocean ridges, Nature Phys. Sci. 242, 137-139, 1973.
[4.48] PARSON, B. & SCLATER, J.G.: An analysis of the variation of ocean floor bathymetry and heat flow with age, J. Geophys. Res. 82, 803-827, 1977.
[4.49] PILGER,A., RÖSLER, A. & SCHWAN, W.: Zeitlich-tektonische Zusammenhänge bei der Plattentektonik, Clausthaler Geol. Abh. 17,(E. Pilger), Clausthal-Zellerfeld 1974.
[4.50] PILGER, A. & RÖSLER, A.: Afar between continental and oceanic rifting,(Schweizerbart) Stuttgart 1976.
[4.51] POLLACK, H.N. & CHAPMAN, D.S.: Mantle heat flow, Earth Planet. Sci. Lett. 34, 174-184, 1977.
[4.52] POLYAK, B.G. & SMIRNOV, Ya.B.: Heat flow on continents, Doklady of Acad. Sci. USSR,Earth Sci. Sect. 168 (engl. transl.) 26-29, 1966.
[4.53] REYNOLDS, R.T. & SUMMERS, A.L.: Calculations on the composition of the terrestrial planets, J. Geophys. Res. 74, 2494-2511, 1969.
[4.54] RINGWOOD, A.E.: Phase transformations and the constitution of the mantle, Phys. Earth Planet. Int. 3, 109-155, 1970.
[4.55] RINGWOOD, A.E. & MAJOR, A.: The system Mg_2SiO_4-Fe_2SiO_4 at high pressures and temperatures, Phys. Earth Planet. Int. 3, 89-108, 1970.
[4.56] ROY, R.F., BLACKWELL, D.D. & BIRCH, F.: Heat generation of plutonic rocks and continental heat flow provinces, Earth Planet. Sci. Lett. 5, 1-12, 1968.
[4.57] SAVIN, S.M.: The history of the Earth's surface temperature during the past 100 million years, Ann. Rev. Earth Planet. Sci. 5, 319-355, 1977.
[4.58] SCHÖNENBERG, R.: Einführung in die Geologie Europas (Rombach) Freiburg 1971.
[4.59] SCHUBERT, G., FROIDEVAUX, C. & YUEN, D.A.: Oceanic lithosphere and asthenosphere: thermal and mechanical structure, J. Geophys. Res. 81, 3525-3540, 1976.
[4.60] SCHWARZBACH, M.: Das Klima der Vorzeit - Eine Einführung in die Paläoklimatologie, 3. Aufl.,(Enke) Stuttgart 1974.
[4.61] SCLATER, J.G. & CROWE, J.: On the reliability of oceanic heat flow averages, J. Geophys. Res. 81, 2997-3006,1976.
[4.62] SCLATER, J.G. & FRANCHETEAU, J.: The implications of terrestrial heat flow observations on current tectonic and geochemical models of the crust and upper mantle of the Earth, Geophys. J. Roy. Astron. Soc. 20, 509-542, 1970.
[4.63] SCLATER, J.G., ANDERSON, R.N. & BELL, M.L.: Elevation of ridges and evolution of the central eastern Pacific, J. Geoph. Res. 76, 7888-7915, 1971.
[4.64] SMITH, G.D.: Numerische Lösung von partiellen Differentialgleichungen, (Vieweg) Braunschweig 1970.
[4.65] SOLOMON, S.C.: Geophysical constraints on radial and lateral temperature variations in the upper mantle, Am. Mineral. 61, 788-803, 1976.

[4.66] STACEY, F.D.: Physical properties of the Earth's core,
        Geophys. Surv. 1, 99-119, 1972.
[4.67] STACEY, F.D.: A thermal model of the Earth, Phys. Earth
        Planet. Int. 15, 341-348, 1977.
[4.68] STEGENA, L.: Migration und Geothermik im Ungarischen Bek-
        ken, Vortr. IV. Int. Wiss. Conf. Chem. u. Phys. Pro-
        bleme d. Erkundung u. Förderung von Erdöl und Erdgas,
        I, 115-119, Prag 1966.
[4.69] TAUTZ, H.: Wärmeleitung und Temperaturausgleich, Weinheim/
        Bergstr. (Verlag Chemie) 1971.
[4.70] TEICHMÜLLER, M. & TEICHMÜLLER, R.: Zur geothermischen
        Geschichte des Oberrhein-Grabens. Zusammenfassung und
        Auswertung eines Symposiums, Fortschr. Geol. Rhld. u.
        Westf. 27, 109-120, 1979.
[4.71] TOZER, D.C.: The electrical properties of the Earth's
        interior, in: L.H. Ahrens et al. (Hrsg.), Physics and
        Chemistry of the Earth, Vol. 3, 414-436, (Pergamon
        Press) New York 1959.
[4.72] WERNER, D.: Probleme der Geothermik am Beispiel des
        Rheingrabens, Diss. Univ. Karlsruhe, Karlsruhe 1975.
[4.73] WERNER, D. & KLEY, W.: Problems of heat storage in aqui-
        fers, J. Hydrol. 34, 35-43, 1977.
[4.74] WERNER, D. & PARINI, M.: The geothermal anomaly of Lan-
        dau/Pfalz: An attempt of interpretation, J. Geophys.
        48, 28-33, 1980.
[4.75] WYLLIE, P.J.: Crustal anatexis: an experimental review,
        Tectonophys. 43, 41-71, 1977.
[4.76] YEFIMOV, A.V., KUTASOV, I.M. & SHIPITSINA, L.I.: Zone
        of influence of ground water sources on the tempera-
        ture field of bottom deposits, Izv., Earth Phys.
        (engl. translation), 90-95, 1975.

Literatur zu: 5. Methoden der Temperaturermittlung

[5.1] ÁDÁM, A.: Results of deep electromagnetic investigations,
       in: A. Ádám (Hrsg.), Geoelectrical and geothermic stu-
       dies, 547-560, (Akad. Kiadó) Budapest 1976.
[5.2] ALBRIGHT, J.: A new and more accurate method for the di-
       rect measurement of earth temperature gradient in
       deep boreholes, Proc. 2nd U.N. Intern. Symp., Develop-
       ment and Use of Geothermal Resources, Vol. 2, 847-851,
       Washington 1976.
[5.3] ANGENHEISTER, G. & SOFFEL, H.: Gesteinsmagnetismus und
       Paläomagnetismus, Studienhefte zur Physik des Erdkör-
       pers 1, (Borntraeger) Berlin-Stuttgart 1972.
[5.4] ARCHIE, G.E.: The electrical resistivity log as an aid in
       determinating some reservoir characteristics, Trans.
       AIME, Petrol. Br. 146, 54-62, 1942.
[5.5] BANNO, S. & MATSUI, Y.: Eclogite types and partition of
       Mg, Fe, and Mn between clinopyroxene and garnet,
       Proc. Japan Acad. Tokyo 41, 716-721, 1965.
[5.6] BETHKE, P.M. & Barton jr, P.B.: Distribution of some minor
       elements between coexisting sulfide minerals, Economic
       Geol. 66, 140-163, 1971.

[5.7]   BORCHERT, M.: Ozeane Salzlagerstätten,(Borntraeger) Berlin
        1959.
[5.8]   BOSUM, W., HAHN, A., KIND, E.G. & PUCHER, P.: Geomagnetic
        anomalies in geothermal areas - Rhine Graben and Urach
        area -, Seminar on Geothermal Energy, Vol. I, 277-295,
        (Kommission der Europäischen Gemeinschaften, EUR 5920),
        Brüssel 1977.
[5.9]   BOYD, F.R.: A pyroxene geotherm, Geochim. Cosmochim. Acta
        27, 2533-2546, 1973.
[5.10] BRAITSCH, O. & HERRMANN, A.G.: Zur Geochemie des Broms in
        salinaren Sedimenten, Teil II: Die Bildungstemperaturen
        primärer Sylvin- und Carnallit-Gesteine, Geochim. Cos-
        mochim. Acta 28, 1081-1109, 1964.
[5.11] BULLARD, E.C.: The time necessary for a bore hole to attain
        temperature equilibrium, Geophys. Suppl. to the Month.
        Not. R.A.S. London 5, 127-130, 1947.
[5.12] BUNTEBARTH, G.: Über die Größe der thermisch bedingten
        Bouguer-Anomalie in den Alpen, Ztschr. f. Geophys. 39,
        109-114, 1973.
[5.13] BUNTEBARTH, G.: The degree of metamorphism of organic mat-
        ter in sedimentary rocks as a paleogeothermometer,
        applied to the Upper Rhine Graben, in: L. Rybach & L.
        Stegena (Hrsg.), Geothermics and Geothermal Energy, 83-
        91,(Birkhäuser) Basel 1978.
[5.14] BUNTEBARTH, G.: Eine empirische Methode zur Berechnung von
        paläogeothermischen Gradienten aus dem Inkohlungsgrad
        organischer Einlagerungen in Sedimentgesteinen mit An-
        wendung auf den mittleren Oberrheingraben, Fortschr.
        Geol. Rhld. u. Westf. 27, 97-108, 1979.
[5.15] BUNTEBARTH, G., GREBE, H., TEICHMÜLLER, M. & TEICHMÜLLER,
        R.: Inkohlungsuntersuchungen in der Forschungsbohrung
        Urach 3 und ihre geothermische Interpretation, Fortschr.
        Geol. Rhld. u. Westf. 27, 183-199, 1979.
[5.16] ČERMÁK, V.: Heat flow in the Upper Silesian coal basin,
        Pageoph 69, 119-130, 1968.
[5.17] EPSTEIN, S., BUCHSBAUM, R. ,LOWENSTAM, H.A. & UREY, H.C.:
        Revised carbonate-water isotopic temperature scale,
        Bull. Geol. Soc. Am. 64, 1315-1325, 1953.
[5.18] FIELITZ, K.: Elastische Wellengeschwindigkeiten in ver-
        schiedenen Gesteinen unter hohem Druck und bei Tempera-
        turen bis 750° C, Z. f. Geophys. 37, 943-956, 1971.
[5.19] FOURNIER, R.O. & ROWE, J.J.: Estimation of underground tem-
        peratures from silica content of water from hot springs
        and wet-steam wells, Am. J. Sci. 264, 685-697, 1966.
[5.20] FOURNIER, R.O & TRUESDELL, A.H.: An empirical Na-K-Ca geo-
        thermometer for natural waters, Geochim. Cosmochim. Acta
        37, 1255-1276, 1973.
[5.21] FOURNIER, R.O., WHITE, D.E. & TRUESDELL, A.H.: Geochemical
        indicators of subsurface temperatures - part 1, basic
        assumptions, J.Res.US Geol. Survey 2, 259-262, 1974.
[5.22] GIESE, P.: Die Temperaturverteilung in der Erdkruste des
        Alpenvorlandes und der Alpen, abgeschätzt aus tiefen-
        seismischen Beobachtungen, Schweiz. Min. Petr. Mitt.50,
        597-610, 1970.
[5.23] GOLDSTEIN, N.E. & PAULSSON, B.: Interpretation of gravity
        surveys in Grass and Buena Vista valleys, Nevada, Geo-
        thermics 7, 29-50, 1978.

[5.24] GÜNTHER, R., KAPPELMEYER, O. & KRONBERG, P.: Zur Prospektion auf geothermale Anomalien, Erfahrungen einer Modelluntersuchung in Polichnitos, Lesbos (Griechenland), Geol. Rundsch. $\underline{66}$, 10-33, 1977.

[5.25] HÄNEL, R.: Bericht über die Berechnung und Darstellung von Temperaturen aus geochemischen Thermometern auf dem Gebiet der Bundesrepublik Deutschland, Nieders. Landesamt f. Bodenforschung, Arch.Nr. 78249, Hannover 1977.

[5.26] HAHN, A., KIND, E.G. & MISHRA, D.C.: Depth estimation of magnetic sources by means of fourier amplitude spektra, Geophys. Prosp. $\underline{24}$, 287-308, 1976.

[5.27] HEDEMANN, H.-A.: Beiträge zur Geothermik aus Tiefbohrungen, Freib. Forsch.-hefte, C 238: Methoden und Ergebnisse geothermischer Untersuchungen, 63-77, 1968.

[5.28] HOEFS, J.: Stable isotope geochemistry, (Springer) Berlin-Heidelberg-New York 1973.

[5.29] HOOVER, D.B., LONG, C.L. & SENTERFIT, R.M.: Audiomagnetotelluric investigations in geothermal areas, Geophys. $\underline{43}$, 1501-1514, 1978.

[5.30] IRVING, A.J.: Geochemical and high pressure experimental studies of garnet pyroxenite and pyroxene granulite xenoliths from the Delegate basaltic pipes, Australia, J. Petrol. $\underline{15}$, 1-40, 1974.

[5.31] IRVING, A.J.: On the validity of paleogeotherms determined from xenolith suites in basalts and kimberlites, Am. Mineral. $\underline{61}$, 638-642, 1976.

[5.32] JIN, D.J.: True-temperature determination of geothermal reservoirs, Geoexplor. $\underline{15}$, 1-9, 1977.

[5.33] KAHLE, H.G. & WERNER, D.: Gravity and temperature anomalies in the wake of drifting continents, Tectonophys. $\underline{29}$, 487-504, 1975.

[5.34] KAPPELMEYER, O. & HÄNEL, R.: Geothermics with special reference to application, (Borntraeger) Berlin-Stuttgart 1974.

[5.35] KARWEIL, J.: Die Metamorphose der Kohlen vom Standpunkt der physikalischen Chemie, Z. deutsch. geol. Ges. $\underline{107}$, 132-139, 1955.

[5.36] KOLESAR, P.T. & DEGRAFF, J.V.: A comparison of the silica and Na-K-Ca geothermometersfor thermal springs in Utah, Geothermics $\underline{6}$, 221-226, 1978.

[5.37] LACHENBRUCH, A.H. & BREWER, H.C.: Dissipation of the temperature effect of drilling a well in arctic Alaska, Bull. Geol. Survey N1083-C, 73, 1959.

[5.38] LEE, T.-Ch.: On shallow-hole temperature measurements - a test study in the Salton Sea geothermal field, Geophys. $\underline{42}$, 572-583, 1977, 8 fig., 3 tabl.

[5.39] LOPATIN, N.W.: Temperature andgeologic time as factor in coalification (engl. transl.), Acad. Nauk SSR, Izv., Ser. Geol. $\underline{3}$, 95-106, 1971.

[5.40] MACGREGOR, I.D.: The system $MgO-Al_2O_3-SiO_2$: Solubility of Al_2O_3 in enstatite for spinel and garnet peridotite compositions,Am.Mineral. $\underline{59}$, 110-119, 1974.

[5.41] MORI, T. & GREEN, D.H.: Subsolidus equilibria between pyroxenes in the $CaO-MgO-SiO_2$ system at high pressures and temperatures, Am. Mineral. $\underline{61}$, 616-625, 1976.

[5.42] NIELSON, H.: Sulfur isotopes, in: E. Jäger & J.C. Hunziker (Hrsg.), Lectures in isotope geology, 283-312, (Springer) Berlin-Heidelberg-New York 1979.

[5.43] OGAWA, K.: Gravimetric survey at the southern part of Izu, preliminary survey for geothermal exploration, Bull. Geol. Survey Japan 28, 35-44, 1977.

[5.44] O'NEIL, J.R.: Stable isotope geochemistry of rocks and minerals, in: E. Jäger & J.C. Hunziker (Hrsg.), Lectures in isotope geology, 235-263,(Springer) Berlin-Heidelberg-New York 1979.

[5.45] QUIST, A.S. & MARSHALL, W.I.: Electrical conductances of aqueous sodium chloride solutions from 0 to 800° C and at pressures to 4000 bars, J. Phys. Chem. 72, 684-706, 1968.

[5.46] RÅHEIM, A. & GREEN, D.H.: Experimental determination of the temperature and pressure dependence of the Fe-Mg partition coefficient for coexisting garnet and clinopyroxene, Contrib. Mineral. Petrol. 48, 179-203, 1974.

[5.47] RINK, M. & SCHOPPER, J.R.: Interface conductivity of saturated porous media and its relation to structure, Proc. RILEM-IUPAC Intern. Symp. "Pore Structure and properties of materials", final report, Vol. 2, C/311-C/320, Prag 1973.

[5.48] SABINS, F.F. jr.: Remote sensing - principles and interpretation, (Freeman) San Francisco 1978.

[5.49] SCHMUCKER, U.: Conductivity anomalies, with special reference to the Andes, in: Runcorn, S.K. (Hrsg.), The application of modern physics to the earth and planetary interiors, 125-138,(Wiley-Interscience) London-New York-Sydney - Toronto 1969.

[5.50] SHUEY, R.T., SCHELLINGER, D.K., TRIPP, A.C. & ALLEY, L.B.: Curie depth determination from aeromagnetic spectra, Geophys. J. Roy. Astr. Soc. 50, 75-101, 1977.

[5.51] SOMMER, J.: Der Einfluß der Bildung fluider Phasen in natürlichen Gesteinen auf das Ausbreitungsverhalten elastischer Wellen, Diss. TU Clausthal, Clausthal-Zellerfeld 1979.

[5.52] SWANBERG, Ch.A. & MORGAN, P.: The linear relation between temperatures based on the silica content of ground water and regional heat flow: A new heat flow map of the United States, Pageoph 117, 227-241, 1978.

[5.53] TAYLOR, H.P. jr.: The application of oxygen and hydrogen isotope studies to problems of hydrothermal alteration and ore deposition, Econ. Geol. 69, 843-883, 1974.

[5.54] TEICHMÜLLER, M.: Bestimmung des Inkohlungsgrades von kohligen Einschlüssen in Sedimenten des Oberrhein-grabens - ein Hilfsmittel bei der Klärung geothermischer Fragen, in: J.H. Illies & St. Müller (Hrsg.), Graben Problems, 124-142, (Schweizerbart) Stuttgart 1970.

[5.55] TEICHMÜLLER, M. & TEICHMÜLLER, R.: Zur geothermischen Geschichte des Oberrhein-Grabens. Zusammenfassung und Auswertung eines Symposiums, Fortschr. Geol. Rhld. u. Westf. 27, 109-120, 1979.

146

[5.56] TISSOT, B.: Premières données sur les mécanismes et la
       cinétique de la formation du pétrole dans les sédi-
       ments; simulation d'un schéma réactionnel sur ordi-
       nateur, Rev. Inst. Franç. Petrole 24, 470-501, 1969.
[5.57] TRUESDELL, A.H.: Summary of section III, Geochemical
       techniques in exploration, Proc. 2nd U.N. Symp. on the
       Development and Use of Geothermal Resources, Vol. I,
       53-79, Washington 1976.
[5.58] USDOWSKI, H.-E.: Fraktionierung der Spurenelemente bei
       der Kristallisation, (Springer) Berlin-Heidelberg-
       New York 1975.
[5.59] VOLAROVICH, M.P. & PARKHOMENKO, E.I.: Electrical proper-
       ties of rocks at high temperatures and pressures,
       in: A. Ádám (Hrsg.), Geoelectrical and geothermal
       studies, 321-369, Budapest 1976.
[5.60] WOHLENBERG, J.: Geophysikalische Untersuchungen in der
       Forschungsbohrung Urach, Progr. Energieforsch. u.
       Energietechnol. 1977-1980, Statusreport 1978 - Geo-
       technik und Lagerstätten, Bd. 1, 87-100, (Projektlei-
       tung Energieforsch., KFA Jülich), Jülich 1978.
[5.61] WOHLENBERG, J. & HÄNEL, R.: Kompilation von Temperatur-
       Daten für den Temperatur-Atlas der Bundesrepublik
       Deutschland, Programm Energieforsch. u. Energie-
       technol. 1977-1980, Statusreport 1978, Geotechnik
       u. Lagerstätten, Bd. 1, 1-12 (Projektleitung Energie-
       forschung, KFA Jülich), Jülich 1978.

Literatur zu: 6. Erdwärme als Energiequelle

[6.1] ALLEN, G.W. & McCLUER, H.K.: Abatement of hydrogen sul-
       phide emissions from the Geysers geothermal power
       plant, Proc. 2nd U.N. Int. Symp., Development and Use
       of Geothermal Resources, San Francisco 1975, Vol. 2,
       1313-1316, Washington 1976.
[6.2] ARMSTEAD, H.C.H.: Geothermal Energy, (Spon) London 1978.
[6.3] AXTMANN, R.C.: Chemical aspects of the environmental im-
       pact of geothermal power, Proc. 2nd U.N. Int. Symp.,
       Development and Use of Geothermal Resources, San Fran-
       cisco 1975, Vol. 2, 1323 ff, Washington 1976.
[6.4] BALLING, N. & SAXOV, S.: Low enthalpy geothermal energy
       resources in Denmark, Pageoph 117, 205-212, 1978.
[6.5] BOLDIZSÁR, T.: Non-electric use of geothermal energy in
       Hungary, Acta Geodaet., Geophys. et Montanist. Acad.
       Sci. Hung. Tom. 14, 289-297, 1979.
[6.6] BRAUCHLE, A. & GROH, W.: Zur Geschichte der Physiothe-
       rapie, (Haug), 4. Aufl., Heidelberg 1971.
[6.7] BUNTEBARTH, G.: The degree of metamorphism of organic mat-
       ter in sedimentary rocks as a paleogeothermometer,
       applied to the Upper Rhine Graben, in: L. Rybach & L.
       Stegena (Hrsg.), Geothermics and Geothermal Energy,
       83-91, (Birkhäuser) Basel 1978.

[6.8] BUNTEBARTH, G. & SCHOPPER, J.R.: Heat flow caused by
      water migration along faults in dependence on petro-
      physical parameters, Proc. Int. Congr. Thermal Wa-
      ters, Geotherm. Energy and Vulcan. Mediterr. Area,
      Oct. 5-10, 1976; Vol. II, 41-49, Athen 1976.

[6.9] BUNTEBARTH, G., GREBE, H., TEICHMÜLLER, M. & TEICHMÜLLER,
      R.: Inkohlungsuntersuchungen in der Forschungsbohrung
      Urach 3 und ihre geothermische Interpretation, Fort-
      schr. Geol. Rhld. u. Westf. 27, 183-199, 1979.

[6.10] BUNTEBARTH, G. & TEICHMÜLLER, R.: Zur Ermittlung der Pa-
       läotemperaturen im Dach des Bramscher Intrusivs auf-
       grund von Inkohlungsdaten, Fortschr. Geol. Rhld. u.
       Westf. 27, 171-182, 1979.

[6.11] CREUTZBURG, H.: Untersuchungen über den Wärmestrom der
       Erde in Westdeutschland, Kali u. Steinsalz 4, 73-108,
       1964.

[6.12] CORWIN, R.F. & HOOVER, D.B.: The self-potential method
       in geothermal exploration, Geophys. 44, 226-245, 1979.

[6.13] COULBOIS, P. & HÉRAULT, J.-P.: Conditions for the com-
       petitive use of geothermal energy in home heating,
       Proc. 2nd U.N. Int. Symp. Development and Use of
       Geothermal Resources, San Francisco 1975 , Vol. 3,
       2104 ff., Washington 1976.

[6.14] ERIKSSON, K.G., AHLBOM, K., LANDSTRÖM, O., LARSON, S.Å.,
       LIND, G. & MALMQUIST, D.: Investigation for geother-
       mal energy in Schweden, Pageoph. 117, 196-204, 1978.

[6.15] ERNST, P.L.: Frac-Studien in der erweiterten Forschungs-
       bohrung Urach, Programm Energieforsch. u. Energie-
       technol. 1977-1980, Statusreport 1978 - Geotechnik
       u. Lagerstätten, Bd. 1, 101-109, (Projektleitung
       Energieforschung, KFA Jülich), Jülich 1978.

[6.16] FRIDLEIFSSON, I.B.: Applied volcanology in geothermal
       exploration in Iceland, Pageoph 117, 242-252, 1978.

[6.17] GRINGARTEN, A.C.: Reservoir lifetime and heat recovery
       factor in geothermal aquifers used for urban heating,
       Pageoph 117, 297-308, 1978.

[6.18] GRINGARTEN, A.C. & WITHERSPOON, P.A.: Extraction of heat
       from multiple-fractured dry hot rock, Geothermics 2,
       119-122, 1973.

[6.19] IRIYAMA, J. & OKI, Y.: Thermal structure and energy of
       the Hakone volcano, Japan, Pageoph 117, 331-337, 1978.

[6.20] ISHII, Y.: Passive and active seismic prospecting in geo-
       thermal area, Butsuri-Tankô(Geophys. Explor.) 29, 14-
       31, 1976.

[6.21] KAPPELMEYER, O.: Implications of heat flow studies for
       geothermal energy prospects, in: V. Čermák u. L. Ry-
       bach (Hrsg.), Terrestrial heat flow in Europe, 126-
       135, (Springer) Berlin-Heidelberg-New York 1979.

[6.22] KAPPELMEYER, O. & HÄNEL, R.: Geothermics with special
       reference to application, (Borntraeger) Berlin-Stutt-
       gart 1974.

[6.23] KERTZ, W.: Kann Erdwärme unseren Energiebedarf decken?
       Umschau 74, 661-666, 1974.

[6.24] KOGA, A.: Geochemistry of geothermal system prospecting,
       Butsuri-Tankô(Geophys. Explor.) 29, 72-82, 1976.

[6.25] KRUGER, P., STOKER, A. & UMANA, A.: Radon in geothermal
        reservoir engineering, Geothermics 5, 13-19, 1977.
[6.26] LAMETHE, D. & LAURENT, G.: Investigation of the optimal
        use of geothermal waters for the heating of several
        types of dwelling in various European climates, Se-
        minar on Geothermal Energy, Vol. 2, 559-570,(Kommis-
        sion der Europ. Gemeinschaften, EUR 5920), Brüssel
        1977.
[6.27] LEJEUNE, J.M.: Opération Creil: Leçons à tirer et pre-
        miers bilans, 2ème Coll. Franco-Allemand sur les
        Recherches geothermiques dans le Fosse Rhenan Sup.,
        Strasbourg 1979, 43-44,(B.R.G.M.), Straßburg 1980.
[6.28] MAJER, E.L. & McEVILLY, T.V.: Seismological investiga-
        tions at the Geysers geothermal field, Geophys. 44,
        246-269, 1979.
[6.29] MEIDAV, T., SANYAL, S. & FACCA, G.: An update of world
        geothermal energy development, Geotherm. Energy Mag.
        5, 30-34, 1977.
[6.30] MILITZER, H., SCHÖN, J., STÖTZNER, U. & STOLL, R.: Ange-
        wandte Geophysik im Ingenieur- und Bergbau, (VEB
        Deutscher Verlag f. Grundstoffindustrie) Leipzig 1978.
[6.31] NOHL, G.: 1892-1972 Deutscher Bäderverband (DBV), (Boldt)
        Bonn 1972.
[6.32] NOURBEHECHT, B.: Irreversible thermodynamic effects in
        inhomogeneous media and their application in certain
        geoelectric problems, Ph.D. thesis, Mass. Inst.
        Technol., Cambridge/Mass. 1963.
[6.33] OKI, Y. & HIRANO, T.: Hydrothermal system and seismic
        activity of Hakone volcano, Proc. US-Japan cooperative
        seminar "The Utilization of Volcanic Energy", 153-
        166, Hilo/Hawaii 1974.
[6.34] ONODERA, S.: An estimation of potentials for the Hatcho-
        baru geothermal area, northern Kyushu, Japan, Proc.
        US-Japan cooperative seminar "The Utilization of
        Volcanic Energy", 75-105, Hilo/Hawaii 1974.
[6.35] REED, M.J. & CAMPBELL, G.: Environmental impact of de-
        velopment in the Geysers geothermal field, USA, Proc.
        2nd U.N. Int. Symp., Development and Use of Geother-
        mal Resources, San Francisco 1975, Vol. 2, 1399 ff.,
        Washington 1976.
[6.36] SABINS, F.F. jr.: Remote sensing - principles and inter-
        pretation, (Freeman) San Francisco 1978.
[6.37] SCHAUMBERG, G.: Geothermisches Pilot-Projekt Bühl, 2ème
        Coll. Franco-Allemand sur les Recherches Geothermiques
        dans de Fosse Rhenan Sup., Strasbourg 1979, 39-40,
        (B.R.G.M.) Straßburg 1980.
[6.38] SEKIOKA, M. & YUHARA, K.: Heat flux estimation in geo-
        thermal areas based on the heat balance of the ground
        surface, J. Geophys. Res. 79, 2053-2058, 1974.
[6.39] SMITH, M.C.: Heat extraction from hot, dry, crustal rocks,
        Pageoph 117, 290-296, 1978.
[6.40] STILWELL, W.B., HALL, W.K. & TAWHAI, J.: Ground movement
        in New Zealand geothermal fields, Proc. 2nd U.N. Int.
        Symp., Development and Use of Geothermal Resources,
        San Francisco 1975, Vol. 2, 1427 ff., Washington 1976.

[6.41] SUYUMA, J., SUMI, K., BABA, K., TAKASHIMA, I. & YUHARA,
       K.: Assessment of geothermal resources of Japan, Proc.
       United States-Japan Geol. Surveys panel discussion on
       the assessment of geothermal resources, Tokyo 1975,
       63-119, (Geolog. Survey Japan), Tokyo 1976.
[6.42] TEICHMÜLLER, M.: Die Diagenese der kohligen Substanzen in
       den Gesteinen des Tertiärs und Mesozoikums des mitt-
       leren Oberrhein-Grabens, Fortschr. Geol. Rhld. u.
       Westf. $\underline{27}$, 19-49, 1979.
[6.43] WARD, S.H., PARRY, W.T., NASH, W.P., SILL, W.R., COOK,
       K.L., SMITH, R.B., CHAPMAN, D.S., BROWN, F.H., WHELAN,
       J.A. & BOWMAN, J.R.: A summary of the geology, geo-
       chemistry and geophysics of the Roosevelt Hot Springs
       thermal area, Utah, Geophys. $\underline{43}$, 1515-1542, 1978.
[6.44] WERNER, D. & PARINI, M.: The geothermal anomaly of Landau/
       Pfalz: An attempt of interpretation, J. Geophys. $\underline{48}$,
       28-33, 1980.
[6.45] WHITE, D.E. & GUFFANTI, M.: Geothermal systems and their
       energy resources, Rev. Geoph. Space Phys. $\underline{17}$, 887-902,
       1979.
[6.46] YUHARA, K. & USHIJIMA, K.: Ground temperature surveys
       and thermal discharge measurements at Ibusuki and its
       surrounding geothermal areas, Bull. Geol. Surv. Japan
       $\underline{28}$, 33-56, 1977.

9. SACHREGISTER

Hinweis auf Abbildungen: A, Hinweis auf Tabellen: T

Terrestrial Heat Flow in Europe

Editors: V. Čermák, L. Rybach

1979. 151 figures, 43 tables, 1 twelve-color map
VIII, 328 pages
Cloth DM 89,–
ISBN 3-540-09440-7

An understanding of the deep temperature distribution in the earth's crust as well as of the outflow of heat from its interior is of fundamental importance to all earth sciences. This monograph summarizes the most recent results of heat flow studies made in Western and Eastern Europe and discusses the manifold interrelations between geothermics and other geophysical and geological phenomena.

The attached twelve-colored map shows the surface heat flow pattern of Europe as a whole in the form of isolines. Geothermal areas are characterized by elevated heat flow; thus, the map will help in identifying suitable geothermal resources and aid in their development. It represents the first undertaking of this magnitude ever attempted.

With more than 3,000 entries on heatflow, this monograph will serve as a manual for the interpretation of the complex geophysical, geological and tectonophysical aspects of crustal and lithospheric structures, of deep-seated phenomena and of tectonic evolution on the European continent.

Springer-Verlag
Berlin
Heidelberg
New York

**Inter-Union Commission of Geodynamics
Scientific Report No. 58**

J. S. Rinehart

Geysers and Geothermal Energy

1980. 97 figures. XVI, 223 pages
Cloth DM 38,–
ISBN 3-540-90489-1

Contents: Geysers of the World. – The Geologic, Thermal, and Hydrologic State of the Earth. – Fundamentals of Geyser Operation. – The Role of Gases in Geysers. – Chemistry of Geothermal Waters. – Geyser Area Complexes. – Environmental Aspects of Geysers. – Temporal Changes in Geyser Activity and their Causes. – Man's Influence on Geyser Activity. – Practical Uses of Geothermal Fluids. – Appendix A: Geologic Time (Stratigraphic Column). – Bibliography. – Index.

This book presents a comprehensive and systematic account of the geological aspects of geysers and related geothermal phenomena. Richly illustrated, it emphasizes their hydrologic and geologic settings and structures, while describing their mode of operation and interaction with the environment. Discussions center on the actions occuring within idealized columnar and pool geysers; current geyser theories are evaluated. The extent and magnitude of geothermal resources are also discussed, including the gases and minerals found in geysers and the chemistry of the water they contain.

Geysers and Geothermal Energy is unique not only in the depth of its coverage of these fascinating geological and geophysical phenomena, but also in its account of their world-wide occurrence. Geysers and geothermal structures are no longer just of local geologic interest; an understanding of them is important for our increasing use and search for geothermal energy. This volume will provide both geologists and interested students with an excellent introduction to the state of the art in geysers research.

Springer-Verlag
Berlin
Heidelberg
New York